如何漫游火星

THE TRAVELLER'S GUIDE TO

MARS

Colin Stuart

[英] 科林 · 斯图尔特 著

青年天文教师连线 译

北京联合出版公司 · 磨铁

Beijing United Publishing Co.,Ltd.

图书在版编目（CIP）数据

如何漫游火星 /（英）科林・斯图尔特著；青年天文教师连线译. -- 北京：北京联合出版公司，2023.1

ISBN 978-7-5596-6317-7

Ⅰ. ①如… Ⅱ. ①科… ②青… Ⅲ. ①火星探测－普及读物 Ⅳ. ①P185.3-49

中国版本图书馆CIP数据核字（2022）第113438号

如何漫游火星

[英] 科林・斯图尔特（Colin Stuart） 著
青年天文教师连线 译

出 品 人：赵红仕
出版监制：刘 凯 赵鑫玮
选题策划：联合低音
责任编辑：翦 鑫
特约编辑：张 毅 申利静
封面设计：奇文云海
内文排版：黄 婷

关注联合低音

北京联合出版公司出版
（北京市西城区德外大街83号楼9层 100088）
北京联合天畅文化传播公司发行
北京美图印务有限公司印刷 新华书店经销
字数162千字 787毫米×1092毫米 1/32 5.125印张
2023年1月第1版 2023年1月第1次印刷
ISBN 978-7-5596-6317-7
定价：60.00元

目　录

地方土特产 65

Local Produce

必去景点 71

Places to Visit

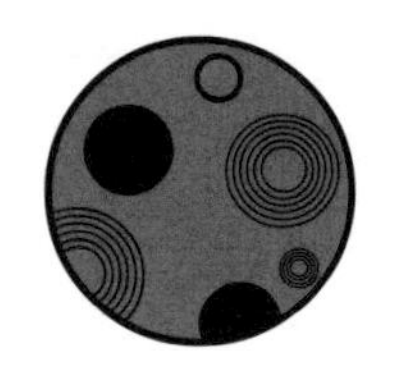

引 言
Introduction

比起其他行星，火星更容易激发我们的想象。一个多世纪以来，我们完全被它的神秘和奇异所吸引。好奇心驱使我们发射了许多探测器前往这颗红色的星球，它们传回了许多令人惊叹的照片，上面有巨大的平原、古老的火山，以及另一个世界的夕阳。

但是，这远远不够。人类天性酷爱冒险，渴求探索。自从在 20 世纪征服了月球之后，我们便将所有的目光都集中到了火星身上。极有可能在公元 2100 年之前，或许更早，人类的第一支探险队将踏足这片红色的土地。

贸易和旅游业也将随之展开，就像美洲大陆被发现之后，欧洲人蜂拥而至一样。人们会卖掉他们的所有资产来换取一张前往火星的单程票，其价格相当于西方中产阶级的一套房子。

这块新的“殖民地”会是什么样子呢？请将这本书作为你的旅行指南，一份前往这颗红色星球的《孤独星球》[1]旅行指南。本书的绝大部分内容都是科学研究成果，基于来自火星车的最新发现以及行星科学家的最新理论。但我也会根据我们对火星的了解，来构想未来的人类世界会是什么样子。

向火星全速前进！

---

1 《孤独星球》被认为是世界最大的私人旅行指南出版商。

火星西半球的水手号峡谷群（Valles Marineris）（图中间的斜纹就是水手号峡谷群，一个巨大的峡谷系统）。当宇宙飞船靠近火星时，你就会看到上面的景色

地图和基本信息

Map and Fact File

直径： 6,779 千米，为地球直径的 53%

质量： 6.4×10^{23} 千克，为地球质量的 10.7%

卫星： 2 颗，火卫一（Phobos）和火卫二（Deimos）

到太阳的平均距离： 2.28 亿千米

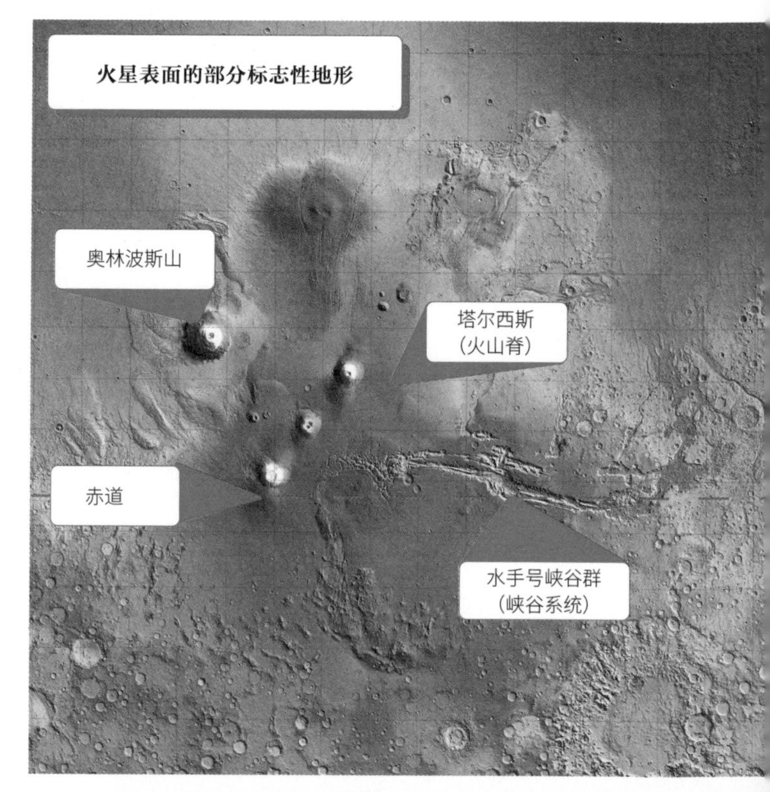

轨道周期：1.88 地球年

一天时间：24 小时 37 分钟 22 秒

表面重力加速度：3.7 米每平方秒，为地球的 37.6%

逃逸速度：5.03 千米每秒，为地球的 44.9%

大气成分：二氧化碳 95.32%，氮气 2.7%，氩气 1.6%，氧气 0.13%，一氧化碳 0.07%

表面大气压强：约为地球的 0.6%

太阳系
The Solar System

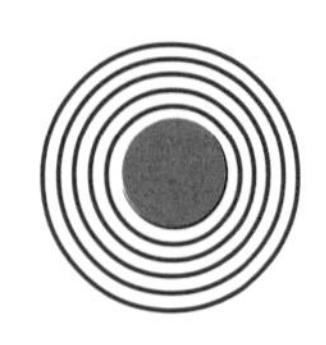

太阳系内已知行星分布在直径大约为 90 亿千米的范围内。以太阳系为中心，从内而外的行星依次为水星、金星、地球、火星、木星、土星、天王星和海王星。再外面就是冥王星，它曾经被视为第九大行星，也是柯伊伯带（Kuiper belt）中发现的第一颗天体，现在被重新归类为矮行星（dwarf planet）。

火星离地球最近的距离为 5,400 万千米，地球离太阳 1.5 亿千米。而所有的行星均绕着太阳转。

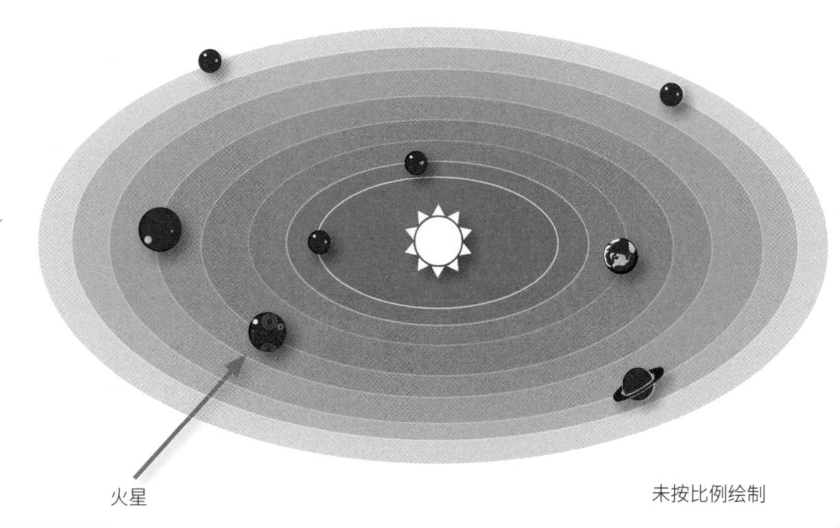

天气和气候
Weather & Climate

长久来看是气候，
眼下的是天气。

马克·吐温（Mark Twain）

季　节
Seasons

在地球的南北半球，四季都同样分明。苏格兰（位于北半球）的冬天与巴塔哥尼亚（位于南半球阿根廷和智利境内）的冬天并没有什么两样，这是因为沿轨道公转一圈，地球与太阳的距离几乎不变。

但是，火星就不同了。火星的轨道偏心率在太阳系八大行星中排第二，这意味着火星轨道已经与圆形相去甚远。

它离太阳最近可达 2.06 亿千米，最远可达 2.49 亿千米。

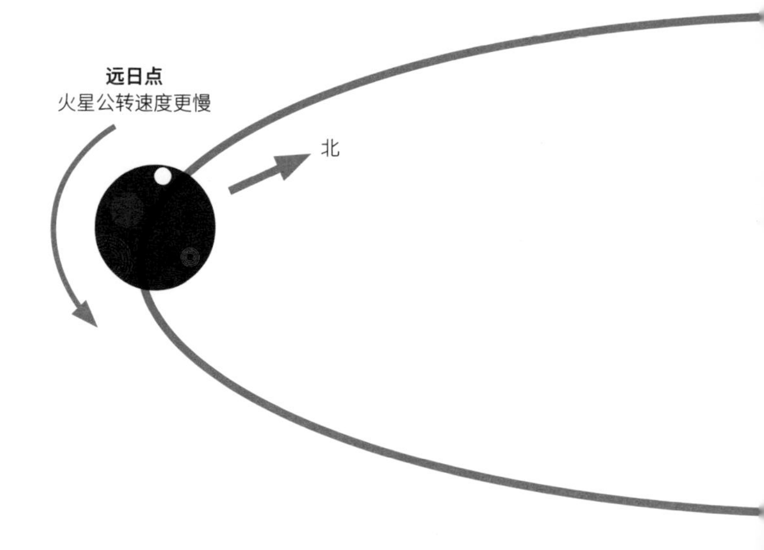

最近点就是所谓的“近日点”，而最远点则叫作“远日点”。

当火星北极向太阳一侧倾斜的时候，北半球的夏天就到了，此时，火星对应的位置在远日点。相反，南半球的夏天则出现在火星位于近日点附近时。由于火星在近日点的公转速度比在远日点更快，因此，南半球的夏天比北半球更短、更热，冬天则更长、更冷。火星的自转轴倾角约为 25°，接近地球的自转轴倾角 23.5°。然而，由于缺少一颗质量足够大的卫星，火星会受到其他行星引力的影响，导致其自转轴倾角未来可能会超过 45°。

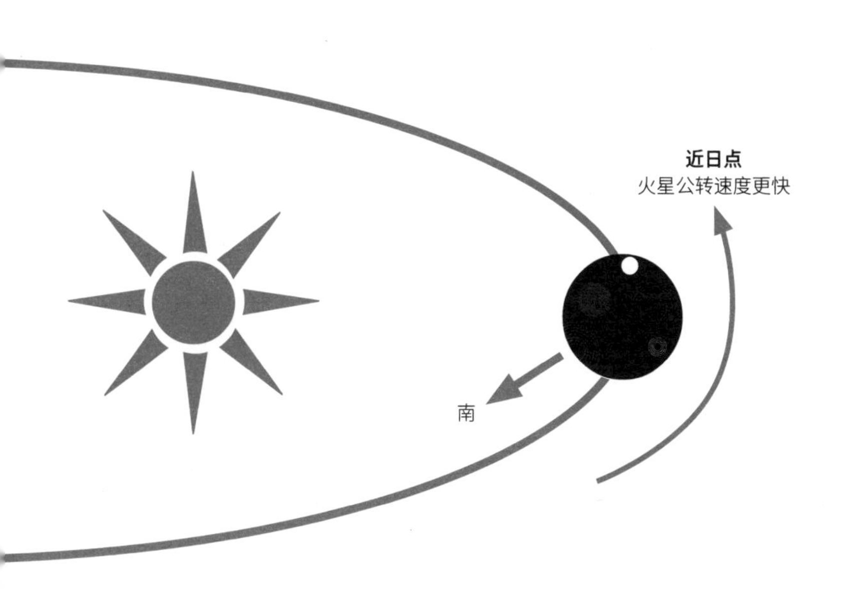

天气预报

The Weather Forecast

好消息是：火星是太阳系中自转周期最接近地球的行星，其一天有 24 小时 37 分钟 22 秒。因此，登陆火星之后，你的生物钟不会受到太大影响。不过，如果你想与位于地球的亲人保持联系，还是要考虑一下这点时差。

登陆火星 90 个火星日后，你的时间会比在地球上慢两天多（相当于过了 92 个地球日）。你要强迫自己习惯非常弱的光线，因为火星上的平均日光水平通常只相当于地球的 40% 左右。

同时，火星的大气比较稀薄，不利于热传导，火星上鼎鼎有名的红色土壤也不善于储存太阳能量。这些因素导致火星上的温度可以变得极低。在夏季，赤道附近的温度能达到温和宜人的 35℃。但在冬天，两极地区的温度能降到零下 143℃，不适宜人类生存。

火星表面的平均温度在零下 63℃左右，极其寒冷。因此，我们强烈建议你待在住处，要是出去的话，一定要穿戴好合适的防护装备。

到达目的地
Getting There

这颗行星需要好好修缮一下，
不过，我们可以修好它。

埃隆·马斯克（Elon Musk）

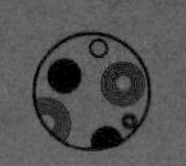

医　疗
Medical

前往火星度假可不同于日常假期。你需要的不仅仅是勇气，还需要承担沉重的医疗费用负担。此外，你必须拥有一副强健的体魄，以保证能顺利完成旅行。

首先，你要没有任何疾病，再小的也不行。很显然，药物成瘾也是万万不行的。如果你有精神病史，你本可以成行的旅行也会告吹。标准测试就是美国航天局（NASA）的宇航员体检。静息血压不能超过 140/90 毫米汞柱，视力需能达到 20/20[1]。一旦火星“殖民地”繁荣起来，来访者真正被视作游客的时候，这些特殊限制也许能够放宽。

身高、体重同样很关键，因为宇宙飞船很小，而且，一旦涉及太空旅行，额外的重量会带来巨大的额外费用。申请者的身高不能低于 1.57 米或高于 1.91 米，至少在火星旅行的初级阶段是不行的。

你必须能够不停歇地游满 75 米，你还要能穿着飞行服和网球鞋游满同样的距离，不过没有时间限制。此外，你要能穿着飞行服持续踩水 10 分钟。

1　此为斯内伦（Snellen）视力表表示法，斯内伦视力表是国际惯用的宇航员视力测量图表之一。

日本航天局（JAXA）的宇航员星出彰彦（Akihiko Hoshide）身着宇航服在水中训练，地点是美国航天局林登·约翰逊太空中心附近的中性浮力实验室（Neutral Buoyancy Laboratory）

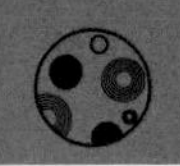

宇航员训练

Astronaut Training

在出发前往这颗红色星球之前，你会接受一系列的训练，以确保你已经对这场艰苦的旅程做好了充分的准备。各种各样的专业技能是必须掌握的，从工程学到基础医学再到急救。你还要接受地质学培训，这会让你熟知火星的地形，因为你要留心具有潜在科学价值的不同寻常的东西。

旅行期间，你会与世隔绝，这种情况你从来没有经历过，因此，适应性训练很重要。你将学会如何克服思乡和忧郁情绪。高效的团体合作同样是必需的，在如此密闭狭小的空间中，合作变得尤其困难。因此，你需要花大量时间学习如何完美合作以及如何解决冲突。沉浸式火星表面模型能使训练尽可能地接近真实情况。

你会在离心机上训练，学会如何应对飞船发射时的加速度，甚至到著名的“呕吐彗星”[1]（Vomit Comet）上转一圈。这是一种固定翼飞机，通过在空中做抛物线飞行（自由落体），可以模拟太空中的失重环境。一旦你完成了宇航员训练，你将有资格前往太空，以及准备搭乘下一趟航班前往火星。

---

1 “呕吐彗星”即零重力飞机，又名“失重奇迹”（Weightless Wonders）。——译注

对页图：宇航员在“呕吐彗星”上训练，体验失重环境

发　射
Launch

火星并不是你想去就能去的。每 26 个月才会有一次短暂的发射窗口，此时，地球和火星正好位于太阳的同一侧。

船员会先停靠在停泊轨道，等待其他人到齐。数百艘飞船会组成一支舰队前往火星，每艘飞船能承载约 100 名乘客。一旦舰队组建完成，飞船引擎会点火，你就正式踏上前往火星的旅程了。

你的宇宙飞船耸立在佛罗里达州美国航天局肯尼迪航天中心的 39A 发射台上，搭载了有史以来推力最大的火箭。这艘由美国太空探索技术公司（SpaceX）设计制造的“大猎鹰”火箭（BFR）高 106 米，由 31 台“猛禽”火箭发动机[1]为其提供动力，推力高达 5,400 吨，能够将 150 吨的载荷送到近地轨道上。

一旦你的飞船与火箭分离，火箭推进器就会返回地球并自动降落在太空探索技术公司位于大西洋的浮动式火箭回收船“往日恋人号”（Of Course I Still Love You）上。随后，火箭将被运回佛罗里达发射场并准备重复使用。

此时，你可以解开座椅安全带，体验失重感，并在地球上空欣赏地球的壮丽景色。

1　“猛禽”火箭发动机是太空探索技术公司研发的一款低温甲烷燃料火箭发动机，采用液态甲烷和液氧作为推进剂。——译注

航天飞机、“土星 5 号”火箭和“大猎鹰”
火箭 (从左到右) 的大小对比示意图

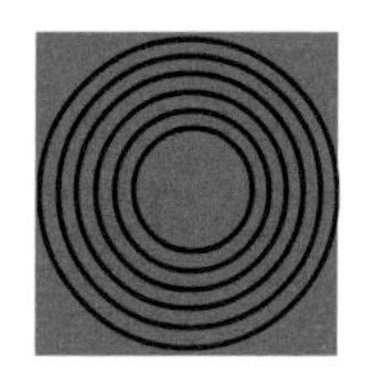

在路上
The Journey

“大猎鹰”飞船，你未来几个月前往火星途中的“家”，出人意料地宽敞。它采用一体化设计，飞船与推进器是连在一起的，长 48 米，直径为 9 米。前部的载荷舱体积共有 825 立方米，比空客 A380 飞机还要大，具备适宜人生活的气压环境。整个空间被划分成 40 个隔舱，每个隔舱可以容纳 2~3 人。另外还有一个用来备餐的厨房、一大块供娱乐和存放杂物的公共区域，以及一个太阳风暴避难所。

你的身后是一个碳纤维材质的燃料罐，能存储 1,100 吨推进剂。为了使最终能够运往火星的人员和货物的重量最大化，这些燃料均来自近地轨道上的燃料加注飞船。进行“太空加油”时，“大猎鹰”飞船需要四台“猛禽”主发动机和两台游动发动机共同参与调整，才能与燃料加注飞船顺利对接。

飞船尾部有两个三角形尾翼，因其形似希腊字母德尔塔（Δ），又被称为“德尔塔翼”。飞船接近火星大气层的时候，三角翼可以帮助飞船控制俯仰和倾斜角度。

返回地球时，你可以乘坐同一艘飞船，但需要在火星表面重新加注燃料，燃料是将水和火星大气层中的二氧化碳混合之后产生的甲烷和氧气。

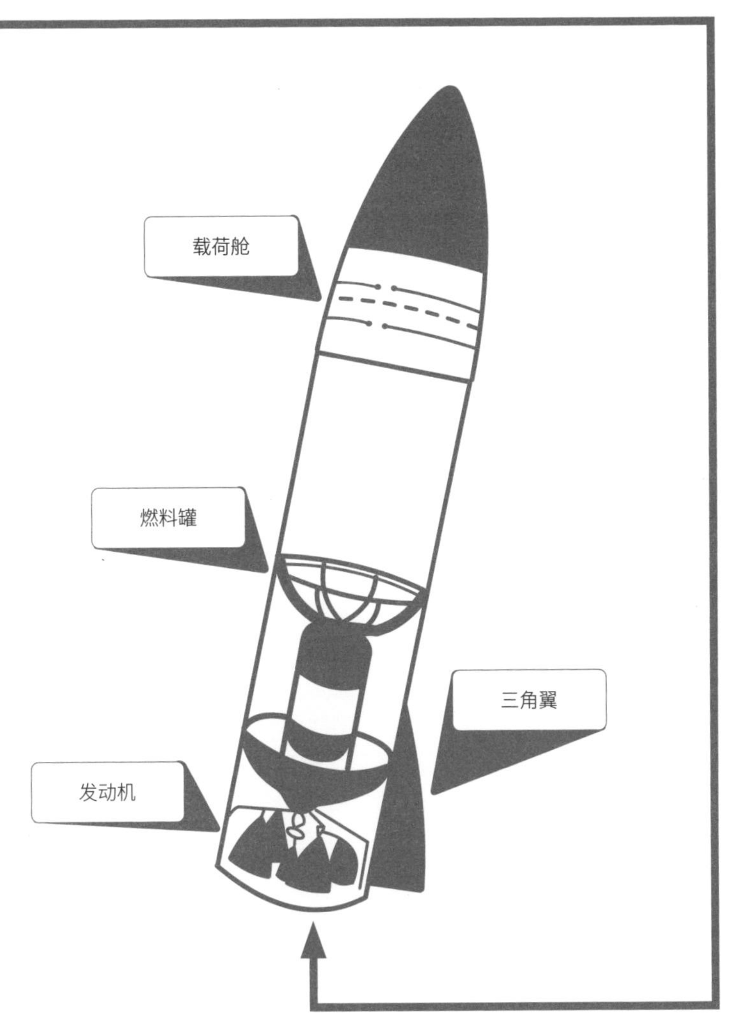

"大猎鹰"飞船的可能构造图

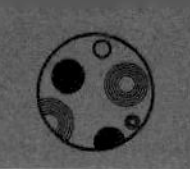

保持健康
Staying Fit

终有一天，前往火星的飞船会通过旋转来模拟地球的重力环境。但在火星之旅的初级阶段，大部分的旅行时间里，你将处于失重状态，而失重并非没有生理危害。你的肌肉和骨骼无须再支撑你的身体，就会开始萎缩和退化——肌力表现会降低30%，肌肉量会流失15%。三个月里，骨骼退化的程度会与在地球上生活十几年一样。

为了避免以上问题，你必须严格遵守规定，每天运动2~4个小时。运动有一整套标准动作，这些都已经在国际空间站（ISS）上测试和检验过了。在公共区域的一个小型健身房内，配备有特别改装的跑步机、健身单车以及举重设备。所有舰队成员每天都有各自的训练任务清单，他们要确保完成上面的运动。

可穿戴设备必须时刻穿戴，它们负责记录你的基础生命体征。一旦发现迫切的健康问题，这些设备就会报警，及时反馈给地球老家的飞行控制中心。

对页图：英国宇航员蒂姆·皮克（Tim Peake）正在国际空间站上使用肌肉萎缩研究与锻炼系统（MARES）

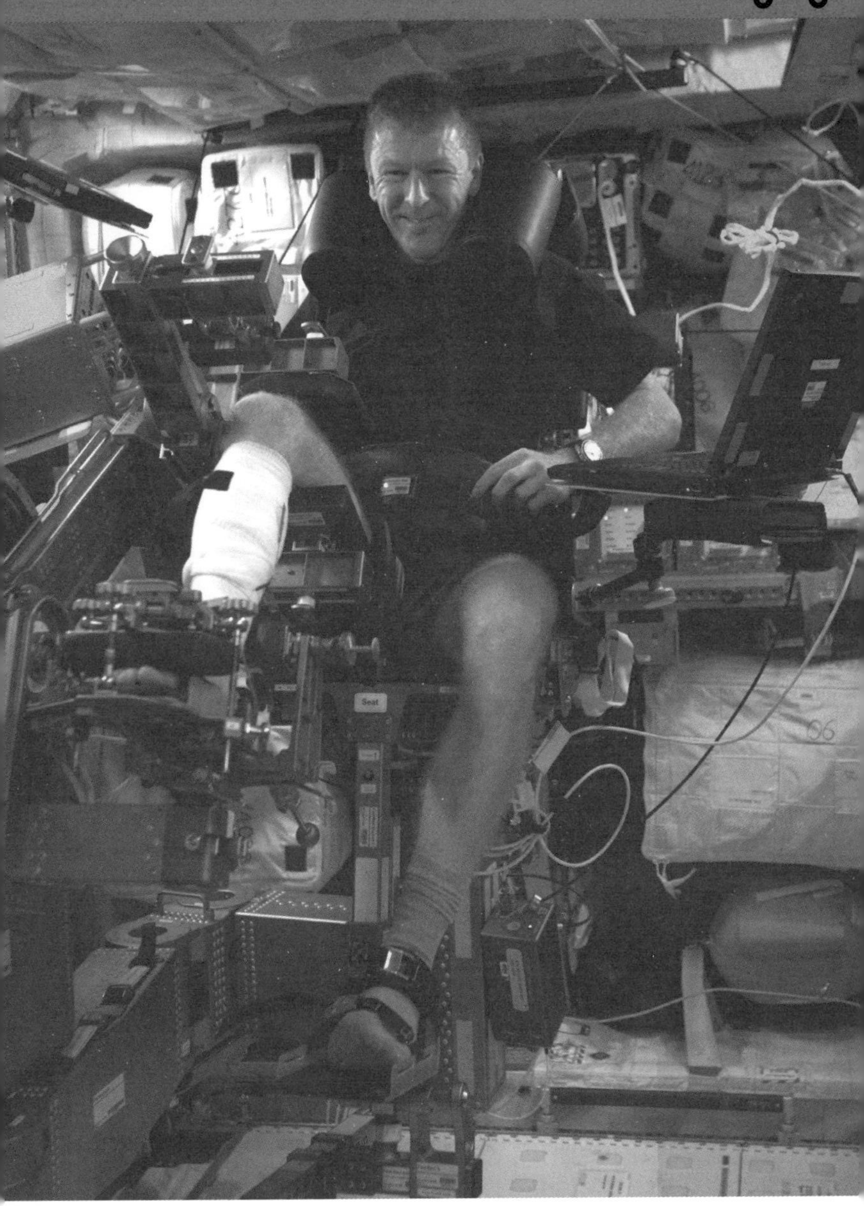
Seat

航天食品

In-Flight Meals

太空食品很不受欢迎。当美国航天局宇航员约翰·格伦（John Glenn）离开地球，成为第一个在太空进餐的宇航员时，他只吃到了一些苹果酱。你去火星的路上吃的恐怕不会比这好很多。由于宇宙航行中空间非常宝贵，即使有一个厨房，也没有足够的空间容纳一个精心设计的、装有许多烹饪

失重对人和食物都会造成影响——包装食品飘浮在国际空间站“星辰号”服务舱[1]的厨房里

1 “星辰号”服务舱是国际空间站的一个组件，提供了空间站的一部分生命保障系统。——译注

加拿大艾伯塔省布鲁克斯的一个水培仓库

设备的食物橱。

旅行中消耗的所有食物都需要在飞船发射之前装好，因此，食物的保质期至少要 7 个月。压缩能量棒营养丰富，而且每根能提供 2.9 千焦的热量，你要习惯吃。

然而，心理学研究已经证明了在飞船上偶尔享用现采现做的食物的好处。因此，新鲜食物会每两周提供一次，使用的原料是飞船上的小型水培农场提供的有限几种易于种植的新鲜植物。比如，你要准备好吃大量的生菜。

值得庆幸的是，一旦到达火星，可食用的食物种类就会丰富起来，毕竟在火星表面，空间不再那么昂贵。营地里有专门的厨师团队和特别设计的菜单，以尽可能利用当地培植的宝贵食材。

宇航服

Spacesuit

航行过程中，你可以在飞船里自由漫步而不需要担心气压或者氧气。但是，当接近火星、准备登陆时，你要穿上加压宇航服。在火星表面时，你也要时刻穿戴宇航服。火星表面的低气压意味着你自身的温度就足以使你的血液沸腾。

在阿波罗登月任务（Apollo missions）中，以及在国际空间站执行太空行走任务的时候，宇航员所穿戴的宇航服都非常笨重，不方便人体的活动。不过，那样的时代已经一去不复返了。你所配备的是由麻省理工学院的专家为你设计的紧身生物宇航服（BioSuit）。这套宇航服能通过一组组互相连通的镍钛合金线圈对你的皮肤直接施加必需的压力，一旦通电，线圈就会收缩，衣服会完美地贴合皮肤。而给宇航服断电后，线圈就会松弛，脱宇航服也很容易。除此之外，这种宇航服还有一个优点，那就是可以使用特殊绷带简单快捷地修复不太严重的损伤。

你还会有一个能提供氧气和进行通信的头盔，头盔上有一块有色遮阳板，可以保护你免受太阳光的伤害。遮阳板上带有可视化界面，能显示重要信息，如环境、氧气和辐射水平。

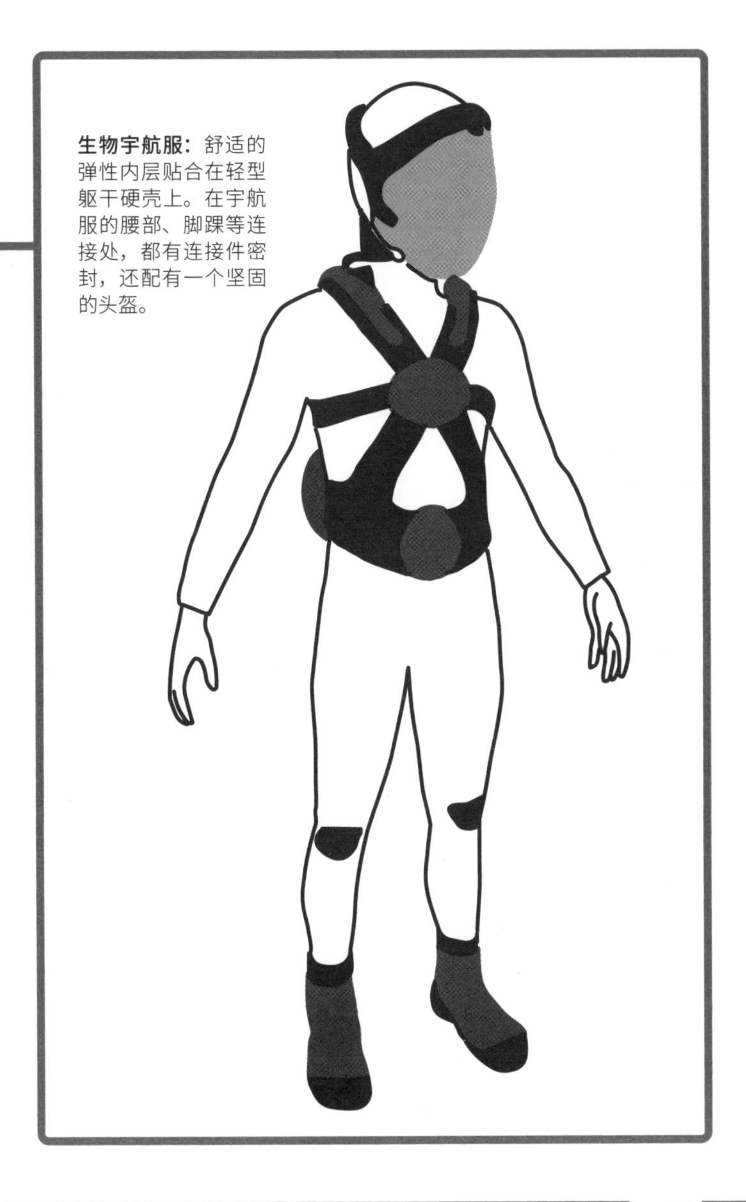

生物宇航服：舒适的弹性内层贴合在轻型躯干硬壳上。在宇航服的腰部、脚踝等连接处，都有连接件密封，还配有一个坚固的头盔。

着　陆

Touchdown

从火星轨道到火星表面是极具挑战的。事实上，这极其危险，想想都让人毛骨悚然。最早尝试在火星表面降落的许多机器人都坠毁了。2012 年，美国航天局将“好奇号”（Curiosity）火星车成功降落在火星表面，而最后这段着陆的过程被称为“恐怖 7 分钟”。

着陆面临的最大问题就是需要找到成功减速的方法。火星的质量很大，其引力会极大地加速你的下降过程。然而，火星表面缺少足够的大气，这又使减速变得很困难。即便火星大气稀薄，下降过程中，与这些稀薄大气产生的摩擦仍会将飞船外壳加热到 1,700℃。

过去的机器人任务依赖于降落伞、气囊、空中吊车来减速，但是这些方式都无法让如此沉重的载人飞船安全着陆。一种可行的方案是使用超音速反向助推器和登陆支架。助推器点火后，登陆支架随后展开，帮助飞船成功着陆。

给你最长的距离“刹车”是保证成功着陆的最好方式。因此，我们会在火星的低海拔处修建太空港。你将在水手号峡谷群的西缘着陆，然后穿越诺克提斯沟网[1]（Noctis Labyrinthus），前往位于孔雀山（Pavonis Mons）的住所。

1　诺克提斯沟网：一个介于火星水手号峡谷群和塔尔西斯之间的区域，属于火星凤凰湖区。——译注

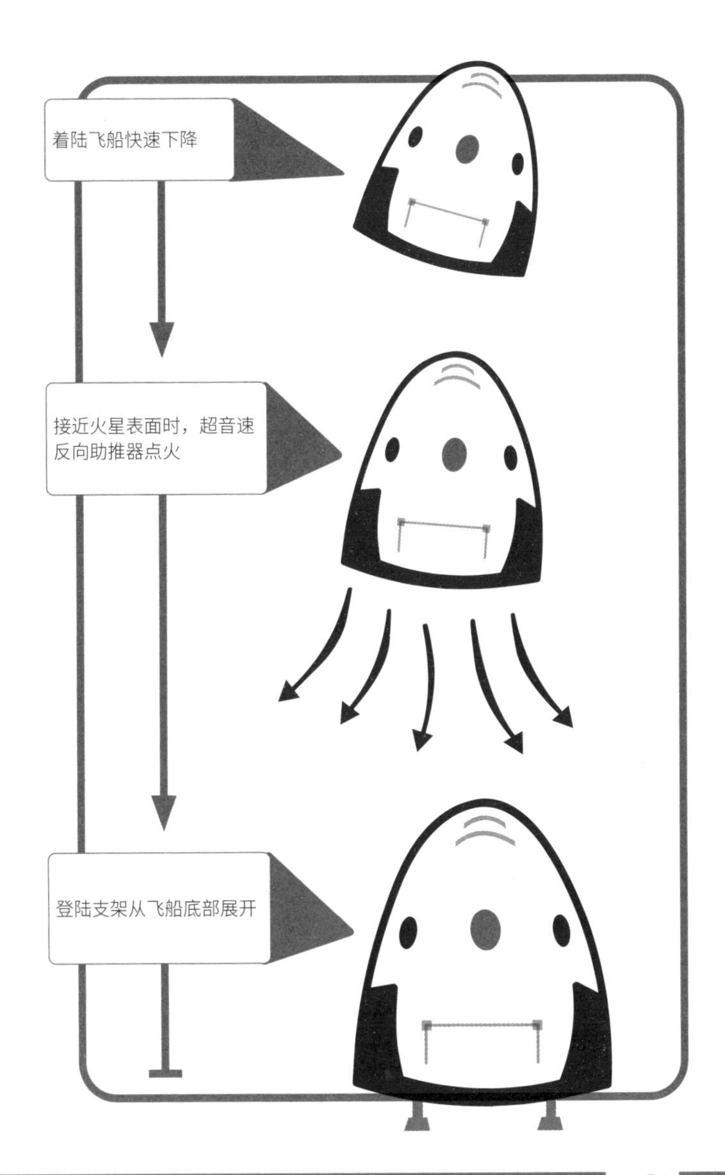
着陆飞船快速下降
接近火星表面时，超音速反向助推器点火
登陆支架从飞船底部展开

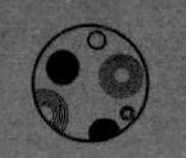

你的住所
Your Accommodation

火星上有数不清的危险，比如陨石、强烈的极紫外辐射、尘暴以及太阳耀斑，因此，你需要躲进火星上的天然庇护所。庞大的“殖民地”正在修建，你临时的家安在孔雀山两翼的火山洞穴里。这里地理位置极佳，毗邻火星的主要旅游景点——奥林波斯山（Olympus Mons）和水手号峡谷群。

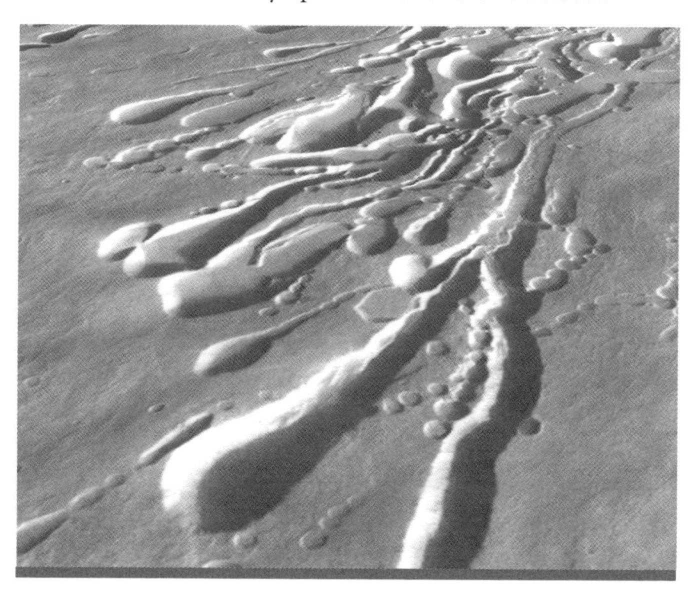

孔雀山的熔岩管，由搭载在欧洲空间局（ESA）“火星快车号”（Mars Express）探测卫星上的高分辨率立体相机（High Resolution Stereo Camera，HRSC）拍摄

火星上全副武装的探险者的艺术想象图

在塔尔西斯突出部（Tharsis Bulge）下面，由古时候的熔岩流造就的宽敞洞穴提供了对抗火星恶劣环境危害的极佳保护。洞穴顶可高达 10 米。更可喜的是，火星表面以下的温度的波动要比表面小很多。

一系列的天然“窗户”使得日光能够透射下来。2010 年，美国加利福尼亚州常青中学的学生从美国航天局拍摄的该区域照片中发现了一个 190 米 × 160 米的天窗。

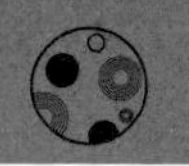

尘　暴

Dust Storms

你是否有过从沙滩度假归来，带着一脚沙子回家的经历？这跟火星上的尘暴比起来，根本不值一提。那可是无处不在的尘暴啊！相当于地球上一个大洲大小的尘暴会肆虐数周，一切都被红色的颗粒笼罩着。局部的风暴也很常见，但是，比起差不多每三个火星年一次的全球性尘暴，这一切都显得那么不值一提（届时，所有活动都会取消，游客们要耐心等待这种糟糕状况平息）。最大的尘暴会发生在南半球的夏季。气流从炎热

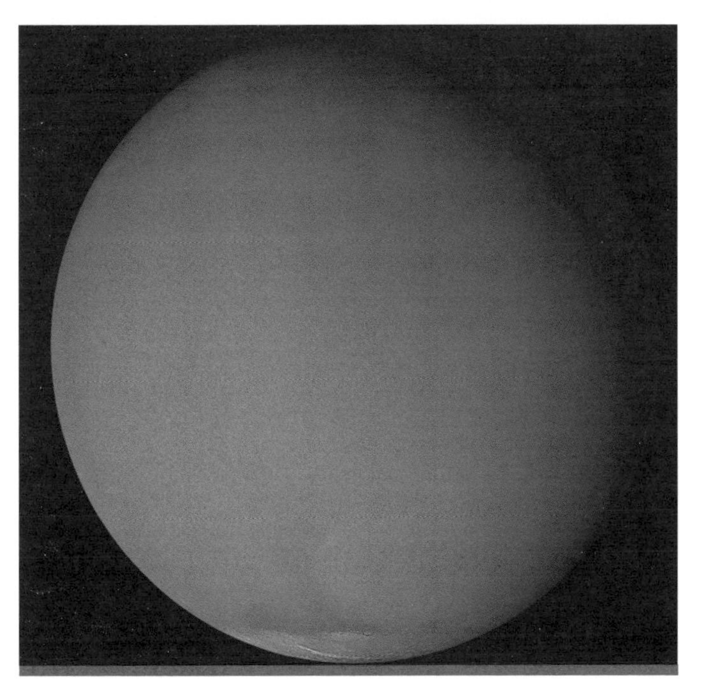

地区流向寒冷地区，形成狂暴的风，并从火星表面卷起沙尘。沙尘遮蔽太阳，温度和光照水平随之下降。太阳能电池板会被细小的粉尘覆盖，失去发电能力。2007 年，“勇气号”（Spirit）和“机遇号”（Opportunity）火星探测车在全球性尘暴期间不得不休眠，以避免被损坏。而且，跟地球不一样的是，火星上没有降雨来洗掉空气里的沙尘。因此，在尘暴过后的很长一段时间里，大气中依旧会弥漫着浓浓的尘埃。上面两张图展示了 2001 年一次全球性尘暴肆虐前后，火星表面的显著变化，由“火星环球勘测者号”（Mars Global Surveyor，MGS）探测卫星上的火星轨道相机（Mars Orbiter Camera，MOC）拍摄。

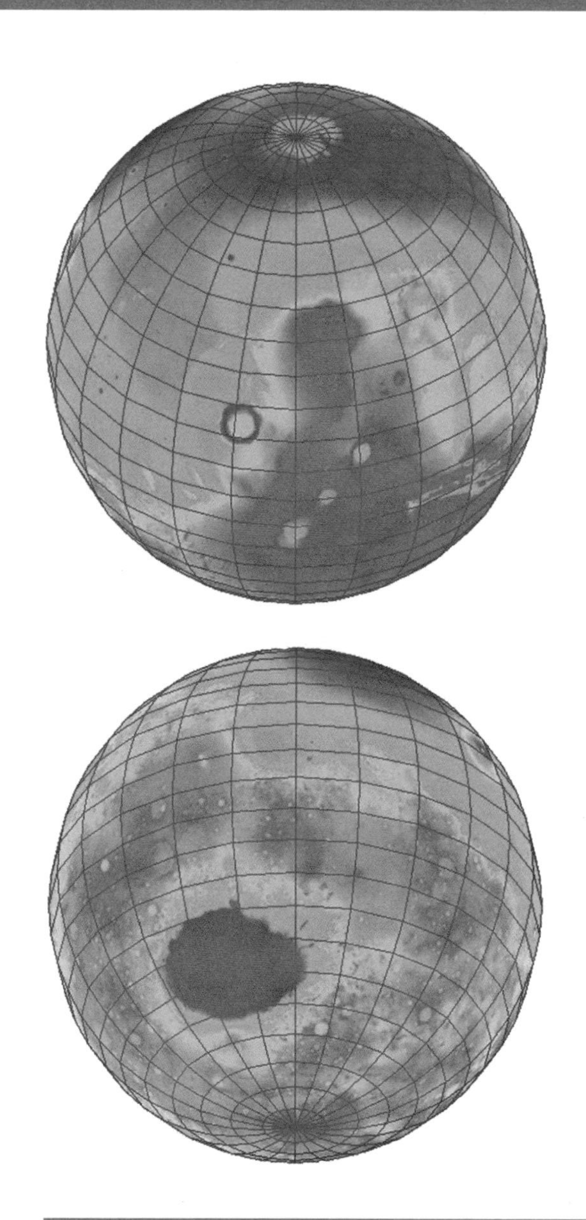

辐　射

Radiation

在这次火星之旅中，最需要考虑的便是你那脆弱的身体——人类的身体进化成现在这样，是为了能够在地球这颗特殊的星球上生存。冒险离开能保护你的环境，很快，你就将面对之前从未遇到过的危险。

而其中最需要考虑的就是太空辐射对身体组织的损害。在地球上，你不用担心来自太空的辐射，因为我们有大气和磁场的保护，它们像罩子一样将宇宙射线中最危险的成分隔离在外。但是，在前往火星的旅行中就没有这么惬意了。

飞行过程中，以及在火星表面，你都将遭受高能粒子的辐射，它们一般来自太阳和广阔宇宙空间中爆发的恒星。如果不做任何防护就待在火星表面，你遭受的辐射剂量要超过每周进行一次全身 CT 检查。因此，尽管火星上非常有趣，而且你的旅行社会尽可能地保护你远离那些危险，我们还是不建议你做过长时间的停留。简言之，争取把活动行程安排得紧凑一些，同时尽量减少离开你住的防护舱的时间。

对页图：火星表面的宇宙射线等效剂量[1]（雷姆 / 年）水平。暗区代表辐射水平高的地区

1　等效剂量代表电离辐射对人体组织的随机性健康效应，即辐射致癌和基因损伤的概率。——译注

陨　石

Meteorites

稀薄的大气无法有效保护火星免受大量陨石的连番轰炸。火星靠近小行星带和黄道云，导致陨石撞击火星的频率是地球的 200 倍、月球的 3 倍。1967 年，美国发射的“水手 4 号”（Mariner 4）探测器因为大量微陨石造成的微小撞击而损坏。

每年大概会有超过 200 颗直径大于 1 米的陨石撞击火星。2014 年，美国航天局的“好奇号”火星车就发现了一颗这么大的铁镍陨石。因其外形与中东国家黎巴嫩的国土形状相近，科学家便将其命名为“黎巴嫩陨石”（见对页图）。

另一项研究表明，每三年，火星会被一颗相当于 100 万吨 TNT 当量的陨石突袭，其威力相当于 100 万吨黄色炸药爆炸产生的威力。相较之下，地球上引爆过的最大的氢弹——苏联的

圆圈圈出的部分是“好奇号”化学相机中的远程显微成像仪（Remote Micro-Imager，RMI）拍摄的高分辨率图片，其叠加在桅杆相机（Mast Camera）拍摄的低分辨率图片上。地球上经常发现铁陨石，但石陨石更加常见。而在火星上，铁陨石却是最常被发现的种类，大概是因为铁能抵抗侵蚀

“沙皇炸弹”，大致相当于 5,000 万吨 TNT 的威力。

如果你不幸被其中一颗陨石击中，那你的运气真的太差了。不像在地球上，火星上并没有大面积的水域来吸纳绝大多数最终穿透了大气层的陨石，所以，这些陨石最终都落到了火星表面的某个地方。

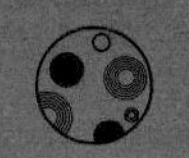

心理健康

Mental Health

对火星宇航员威胁最大的因素来自他们自身，而不是外部。在一个外星环境里，切断与家的联系，这样的心理状态非常危险。你所爱的人和物都滞留在 5 千万到 4 亿千米之外，抬眼望去，地球只是天空中一个微小的蓝点。

犯了思乡病的旅行者至少要花 7 个月才能回到家。即使是简单的视频聊天，也会变得非常麻烦。一条信息要花费 12.5 分钟、跨越平均 2.25 亿千米的距离才能到达地球，收到回信也要花费相同的时间。同最亲近的人对话会变得断断续续。

你还不得不被限制在一个狭小的空间里，与相同的人待很久，尤其是在来回的旅途中。

从 2015 到 2016 年，在夏威夷的一个偏远地区，六位科学家在一个直径 11 米、高 6 米的圆顶屋里与世隔绝生活了一年。而且为了模拟火星环境，与外界的联系会有 20 分钟的延迟。参与者必须学习如何用不一样的方式处理矛盾，因为他们知道，如果发生了争吵，他们不能像在正常生活中一样，一走了之。

发现和历史

Discovery & History

……火星上将会出现生命，
因为我们会把生命带到那里。

巴兹·奥尔德林（Buzz Aldrin）

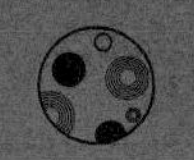

火星的形成

Formation of Mars

和太阳系的其他行星一样，没有太阳，火星也不会存在。大约在 50 亿年前，一团由气体和尘埃组成的星云在自身引力的作用下开始坍缩。温度和压力快速上升，直到一颗全新的恒星点燃——这颗恒星我们今天称之为太阳。

太阳形成后，星云的一些残留物质还在围绕这颗新生的恒星旋转，形成了一个扁平的暗盘，被称为“原行星盘”（protoplanetary disc）。在 10 万年的时间里，引力开始将盘中的物质凝聚起来，形成一些被称为“星子”（planetesimal）的大型块状物。内太阳系由于温度过高，导致水和许多气体都无法存在，所以这里的星子都是由岩石和金属这样的高熔点物质组成的。许多星子碰撞形成了岩质行星，比如火星。碰撞释放的能量导致岩石和金属熔融，加上引力的作用，火星就变成了球形。

最重的物质，也就是铁和镍沉入了这颗行星的中心。而火星的外层冷却成外壳，但是这些外部包层的重量产生的压力使火星的核维持熔融状态，并驱动了早期的火山活动。这颗红色行星从诞生之初已经发生了巨大的变化，而在这段时间内究竟发生了什么，则是许多正在进行中的研究的主题。

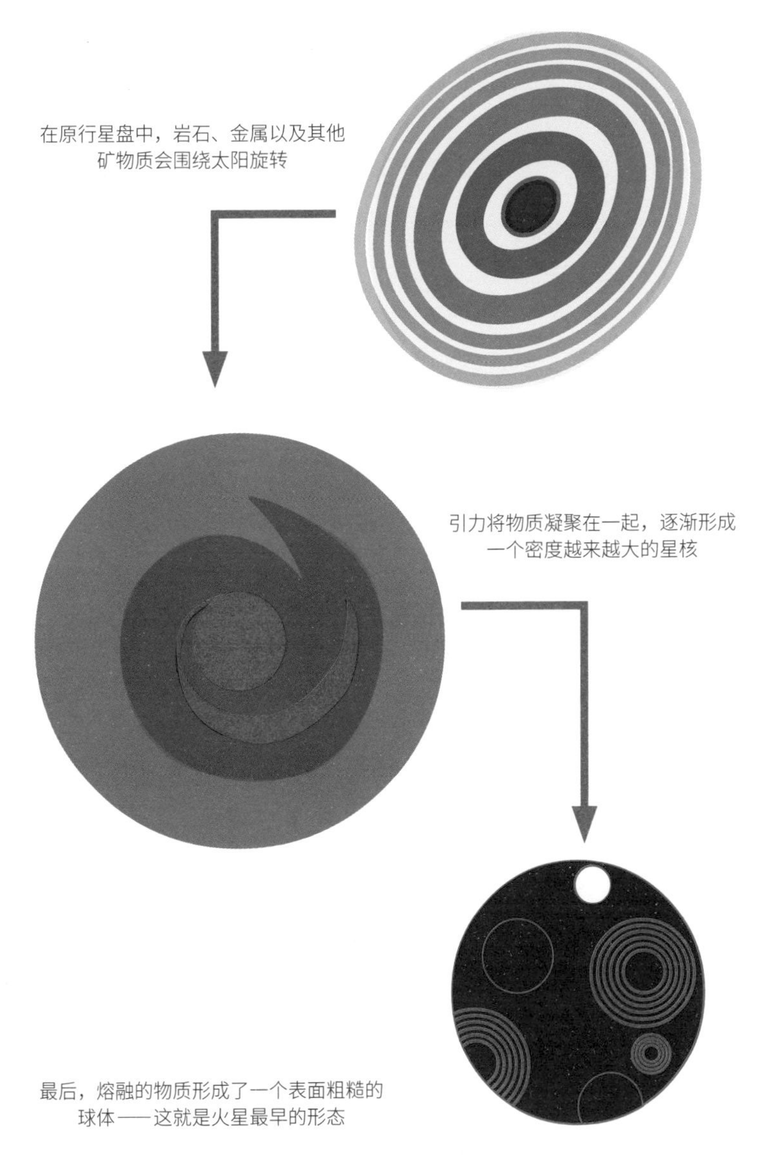
在原行星盘中，岩石、金属以及其他矿物质会围绕太阳旋转
引力将物质凝聚在一起，逐渐形成一个密度越来越大的星核
最后，熔融的物质形成了一个表面粗糙的球体——这就是火星最早的形态

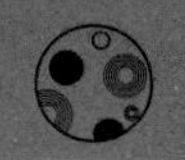

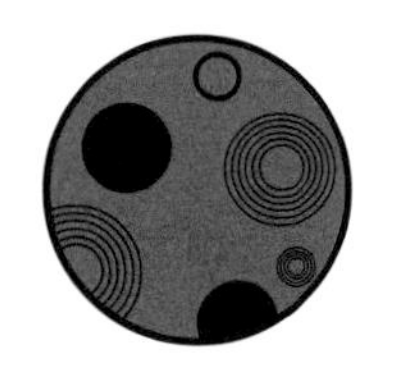

古代的观测
Ancient Observations

数千年来，人类一直在追踪这颗红色行星在夜空中的踪迹。早在公元前 1500 年，古巴比伦的天文学家就对它的运动进行了详细的记录。他们以火、战争以及毁灭之神内尔伽勒（Nergal）之名命名这颗行星。

在古埃及法老塞提一世墓室的天花板上，也有对火星的描绘。公元前 4 世纪的某一个夜晚，古希腊哲学家亚里士多德注意到火星在月球的后面消失了，他得出了一个后来被证明是正确的结论：这颗行星比月球更远。

那时候还没有人知道这颗散发着橘黄色光芒的天体是另一个和地球一样的球形岩石世界。在西方，行星（planet）一词来源于希腊语“asteres planetai”，意思是“游荡的星星”。天文观测者在众多星星中可以观测到五颗这样的“行星”，这些天体看起来在移动，而其他“星星”则固定在各自的星座中。

西方国家对行星的称呼来自罗马诸神：水星以众神的信使墨丘利（Mercury）命名；金星以爱与美之神维纳斯（Venus）命名；火星以战争之神马尔斯（Mars）命名；木星以众神之王朱庇特（Jupite）命名；土星以农业之神萨图恩（Saturn）命名。和巴比伦人一样，罗马人以他们战神的名字命名火星，有可能是因为火星的颜色像血。而在东亚文化中，

罗马神话中的战争之神马尔斯的雕像

它被称为“火”星；在希伯来语中，它被称为“Ma'adim”，意思是“脸红的星星”；在印度教的文献中，它则被称为曼加拉神。

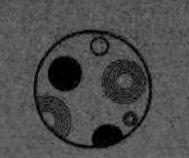

哥白尼革命中的火星

Mars in the Copernican Revolution

如果连续几个月观测火星在夜空中的轨迹，你会注意到一个奇怪的现象：它并不仅仅朝一个方向运动。一开始，它似乎会沿着一个方向在星座中穿行，但之后会停下来并折回。

天文学家把这种运动称为“逆行”（retrograde motion）。古代的天文观测者们很难解释这一现象，因为他们认为太阳、月亮以及所有行星都是围绕地球转动的。所以，他们提出了

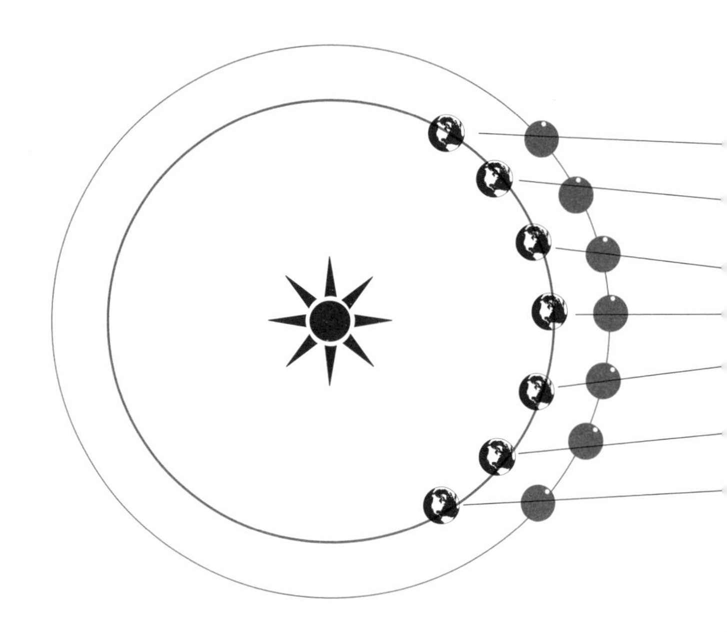

“本轮和均轮”（epicycles and deferents）模型——实质上是圆上套圆，以便使他们的地心说与观测相符合。

之后，15世纪时，波兰的尼古拉·哥白尼（Nicolaus Copernicus）对火星逆行提出了一种更为简单的解释。你所要做的，仅仅是把地球降级为另一颗围绕太阳旋转的行星而已。

在日心说模型下，因为地球绕太阳运行的距离更短，在绕日运行中会超过火星（如下图所示），此时，我们就会看到火星似乎在我们的天空中改变了方向。

这一观点遭到了教会的强烈反对，因为教会坚持《圣经》中有关地球位于创世中心的说法。然而，面对大量相反的证据，他们最终不得不承认哥白尼是正确的。

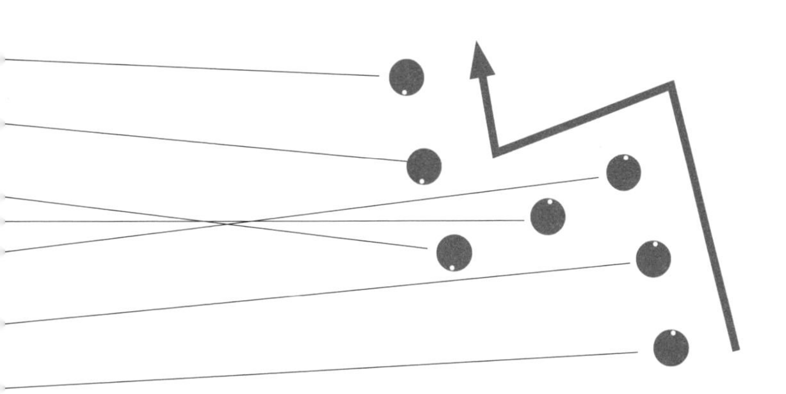

因地球与火星以不同的速度围绕太阳公转，我们的星球经常超越火星，这就导致我们看到火星在以锯齿状路线穿越夜空

早期望远镜观测下的火星

Views with Early Telescopes

1610 年，意大利天文学家伽利略·伽利雷（Galileo Galilei）可能是第一个通过望远镜观察火星的人。他指出，这颗行星的大小会随着时间的推移而变化，这表明它与我们之间的距离在不断变化。

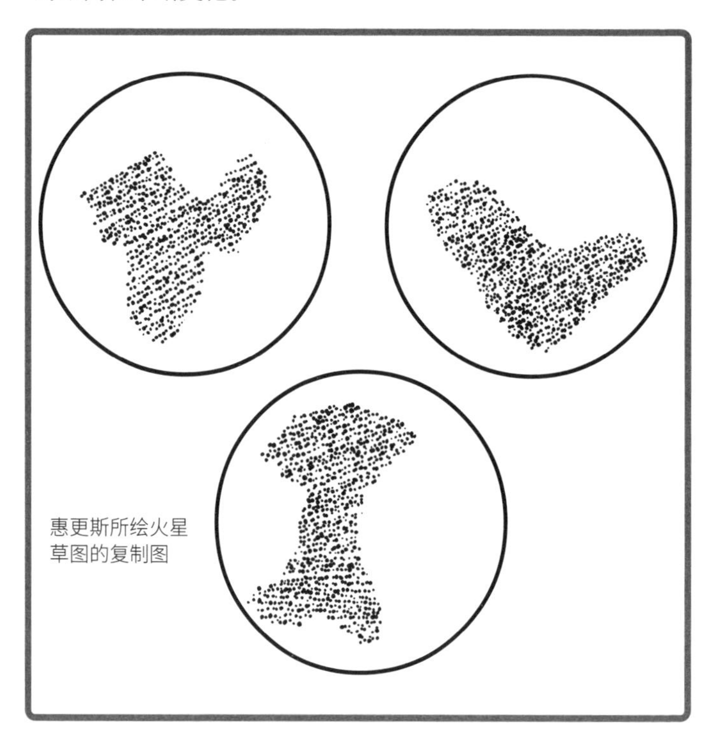

惠更斯所绘火星草图的复制图

1624 年，一幅有关早期“荷兰望远镜”的图画。伽利略从一家荷兰制造商那里借鉴了一些望远镜的制作原理

荷兰天文学家克里斯蒂安·惠更斯（Christiaan Huygens）在 17 世纪 50 年代绘制了第一批火星表面的详细地图。他的草图清楚地显示了现在被称为“大瑟提斯”（ Syrtis Major）的暗色区域以及可能的极地冰冠之一。

17 世纪 60 年代，意大利天文学家乔瓦尼·卡西尼（Giovanni Cassini）利用火星表面的特征来追踪其自转速度。他的结论和今天公认的结论相差不到 3 分钟。他还估算了地球到火星的距离，偏差在 10% 以内。18 世纪后期，英国天文学家威廉·赫歇尔（William Herschel）注意到火星南极的极冠会随着时间的推移而收缩和扩张，这表明火星具有季节的变化。

1877 年，火星和地球相距仅 5,600 万千米，这让天文学家们对火星有了前所未有的了解。正是在这个时候，阿萨夫·霍尔（Asaph Hall）发现了火星的卫星，还出现了一些火星的详细地图，上面显示火星上有一个未经证实的“运河”系统（见第 53 页）。

火卫一和火卫二的发现

The Discovery of Phobos & Deimos

美国天文学家阿萨夫·霍尔于 1877 年发现了火星的两颗微小卫星，他寻找火星卫星的经历是一个仿效奇幻小说的有趣案例。1726 年，乔纳森·斯威夫特（Jonathan Swift）在他的著名作品《格列佛游记》中提到了火星有两颗卫星这一细节。据说，正是受到这个故事的启发，霍尔才开始使用位于华盛顿特区雾谷的望远镜去寻找真正的卫星。

即便如此，他也差点儿没能找到它们。在某次精疲力竭的搜索之后，他几乎要放弃了，他告诉妻子安吉丽娜·斯蒂克尼（Angeline Stickney），他正在考虑放弃。安吉丽娜说服他继续寻找。结果，他终于在 1877 年 8 月 12 日找到了火卫二，六天后又找到了火卫一。两颗卫星的名字取自罗马战神的双胞胎儿子，分别为“福玻斯”（Phobos）和“得摩斯”（Deimos），在神话中，他们总是跟随父亲四处征战。

1965 年，“水手 4 号”探测器靠近这两颗卫星时，首

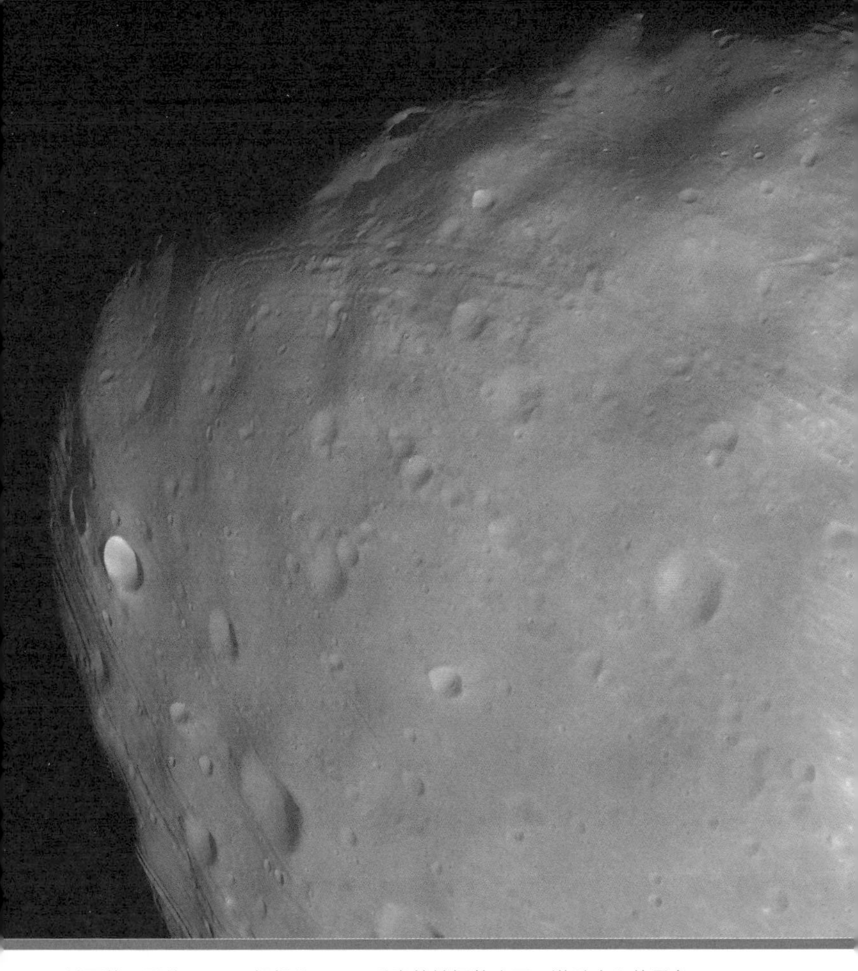

美国航天局的 HiRISE 相机从 6,800 千米外拍摄的火卫一激动人心的景象

次拍到了它们的近距离照片。火卫一表面有一个巨大的陨击坑，一个由卡尔·萨根（Carl Sagan）领导的命名委员会决定将其命名为“斯蒂克尼”，这是霍尔妻子的娘家姓。

火星上的“运河”

Canals on Mars

1877 年，在火星靠近地球的时候，米兰布雷拉天文台的主任乔瓦尼·斯基亚帕雷利（Giovanni Schiaparelli）开始绘制火星的地图。他注意到一系列直线在火星表面纵横交错，他称它们为“canali”，在意大利语中是“水道”的意思。

1914 年，帕西瓦尔·洛厄尔正在使用洛厄尔天文台的望远镜

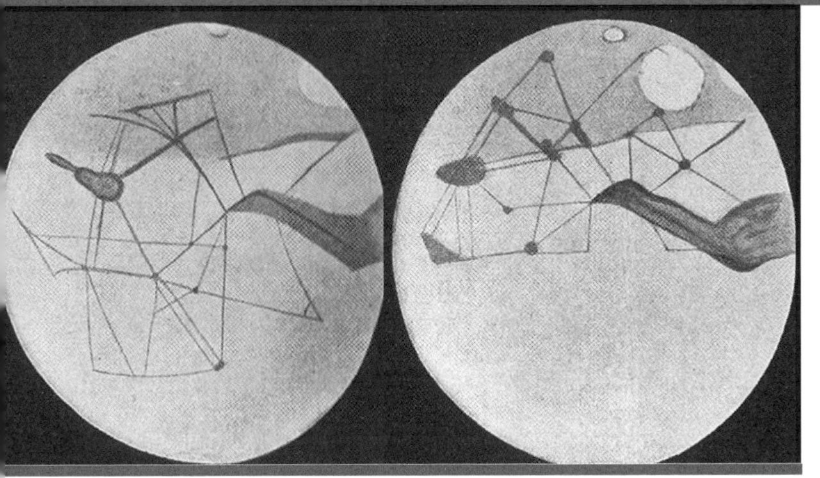

洛厄尔绘制的火星“运河”图稿

然而，这个词在翻译成英文时被误译为“canals”，也就是运河，而水道和运河之间有很大的差别。水道可以由水流天然冲刷形成，运河则是由人工建设的河道。

突然之间，对公众而言，火星变成了一个居住着一群建筑大师的世界，他们建设这些运河也许是为了把水从极冠运送到赤道附近的干旱地区。

在此之前，关于火星人的科幻小说很少。但从此之后，几年之内，这样的故事数量有了爆发性增长。1895 年，当美国天文学家帕西瓦尔·洛厄尔（Percival Lowell）出版了自己的火星“运河”地图后，这一形势愈演愈烈。仅仅三年后，即 1898 年，H.G. 威尔斯（H.G.Wells）的科幻小说《世界大战》（*The War of the Worlds*）就发表了。但无论如何，这一切都始于错误的翻译。火星上不仅没有运河，甚至连斯基亚帕雷利最初描述的水道都没有。这完全是一种错觉。

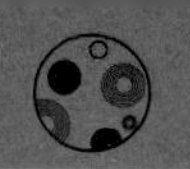

火星气候的变化

Climate Change on Mars

火星上曾经发生过灾难性事件。今天，火星表面是一片极其干燥的沙漠。然而，越来越多的有力证据表明，数十亿年前，那里的环境比现在舒适得多。它甚至可能在一些地方拥有 1.6 千米深的海洋，这些海洋覆盖了火星至少五分之一的表面。在火星历史上的某个时期，它有可能与地球并没有太大的不同。

那是什么造成了这样的转变？大多数天文学家把矛头指向了火星的核。最初，这颗行星的核是熔融的，和地球差不多。对流的铁会产生磁场，它是抵御太阳风破坏的屏障。然而，相较于地球而言，火星是一个更小的世界，它没有那么多的行星物质压在它的核上。最终，火星核中的液态铁冷却凝固，一段时间后，磁场消失了。

太阳风，也就是从太阳吹来的带电粒子流，侵蚀了火星的大气层，时至今日将火星大气剥离得只剩下一层稀薄的二氧化碳，这一过程虽然缓慢，但无可挽回。随着气温和气压的下降，火星上的大部分水都流失到了太空中。

只有六分之一的水残存了下来，其中大部分被冻结在火星的极冠中。火星早期存在海洋能否证明火星曾经是宜居的，以及火星上是否曾有生命起源，这些目前还没有定论。

这张图片显示了古代海洋最有可能位于火星顶部的位置

“水手4号”和“水手9号”

Mariner 4 and *Mariner 9*

1964 年 11 月 28 日，美国航天局发射了“水手 4 号”探测器（见下图）来探索火星。不到八个月后，它成为第一个飞掠火星的人造物体，并传回了第一张火星的近距离照片。

第一张数码照片是由科学家们手工上色的，他们从一家工艺美术品商店买来了粉彩笔，根据打印纸上的照片数据，为一个个像素上色——这真是不折不扣的“按数字填色”。因

“水手 4 号”探测器

“水手 9 号”探测器拍摄的奥林波斯山

为他们太激动了，甚至等不及任务计算机处理数据。“水手 4 号”一共拍摄了 21 张颗粒感很强的黑白照片，除第一张外，剩下的照片都是由计算机处理的。这些照片证实了火星表面存在陨击坑。美国航天局的“水手 9 号”探测器是第一个进入火星轨道——或者说是其他行星轨道——的航天器。它于 1971 年 11 月到达这颗红色星球。这一次，探测器发回了 7,000 多张照片。这些照片是等到一场大规模的全球性火星尘暴结束，火星表面变得清晰可见之后才拍摄的。“水手 9 号”发现了雄伟的奥林波斯山，天文学家们以这个探测器的名字将横跨火星赤道的巨大峡谷命名为“水手号峡谷群”。

“海盗号”着陆器
The *Viking* Landers

1975 年 8 月 20 日，美国航天局成功发射了“海盗 1 号”（Viking 1）火星探测器。大约三周后，“海盗 2 号”（Viking 2）随即也加入前往火星的旅程。二者都在 1976 年的夏天抵达火星，并花了一个月的时间来寻找安全的着陆地点。

两个“海盗号”探测器都着陆于火星的北半球：“海盗 1 号”于1976年7月20日在克律塞平原（Chryse Planitia）着陆，

着陆器在火星地表挖出的沟

卡尔·萨根与“海盗号”着陆器的一架模型合影

“海盗 2 号”于 9 月 3 日在乌托邦平原（Utopia Planitia）着陆。

除了传回火星红色表面那令人惊叹而生动丰富的照片，着陆器还配备了机械臂，用于从它们周围的环境中收集样本。

搭载的实验仪器使用了多种不同的方法来分析火星土壤的成分，以寻找生物学痕迹。值得注意的是，其中一项实验结果呈阳性。不过，科学家们现在认为，这是非生物化学反应导致的假阳性。

“海盗 2 号”持续工作了近四年，直到因为电池故障而结束运作。它的姐妹着陆器坚持工作了六年多，直到在一次软件更新中因人为失误导致天线瘫痪。“海盗 1 号”保持了在火星表面持续运行时间最长的纪录，直到 2010 年被“机遇号”超越。

“探路者号”和“旅居者号”

Pathfinder and *Sojourner*

20 世纪 70 年代发射的“海盗号”探测器是固定不动的，只能探测它们的机械臂所能伸展到的区域。为了更仔细地探索火星，你需要巡视器。这是一种有轮子的机器人，它能从一个地方移动到另一个地方来寻找水和生命的痕迹。那个时期，这样的设备已经到达月球表面进行探索，但是还没有被送到火星这颗红色星球。

上图："旅居者号"火星车正在岩石上钻孔
对页图：在同一张全景照片中，左边的图片展示了从着陆器上打开的舷梯以及远处的双子峰（Twin Peaks）

美国航天局的火星"探路者号"（Pathfinder）探测器于1996 年发射，将"旅居者号"（Sojourner）火星车送往火星。和"海盗 1 号"一样，"旅居者号"也降落在克律塞平原，它被装在一个安全气囊里降落到火星表面，气囊弹跳了几次才慢慢停下来。

这辆只有 65 厘米长、由六个轮子驱动的火星车缓缓地靠近附近的岩石，这些岩石被负责此次任务的科学家命名为"藤壶比尔"（Barnacle Bill）、"瑜伽"（Yogi）和"史酷比"（Scooby-Doo）。探测器的最高速度只有每秒 1 厘米（36 米每小时）。"旅居者号"原计划工作 7 个火星日，但实际上它一共工作了 83 个火星日。在这段时间里，它总共前进了 100 米。超过 1.6 万张图片被传回地球，其中包括壮观的火星日落。它对火星的风和大气进行了近 1,000 万次科学测量。

美国航天局的 HiRISE 相机拍摄的维多利亚陨击坑

“勇气号”和“机遇号”

Spirit and *Opportunity*

“旅居者号”为随后的火星车开辟了一条道路。2004 年，“勇气号”和“机遇号”这对孪生探测器从它们的安全气囊中钻了出来，开始了在一颗新星球上的生活。“勇气号”在火星赤道以南的古谢夫陨击坑（Gusev Crater）着陆，而它的孪生兄弟则降落在子午高原（Meridiani Planum），几乎完全位于赤道上。两辆火星车都像“旅居者号”一样有六个轮子，但比它长 2.5 倍左右。“勇气号”原计划工作 90 个火星日，但它一直运行到了 2009 年底，直到陷入沙地无法行动。

整个探测任务远远超出了预期，一些亮点包括钻探一块叫“阿迪朗伦达克”（Adirondack）的岩石、发现了过去火星存在水的证据、绕着邦纳维尔陨击坑（Bonneville Crater）行驶，以及在哥伦比亚丘陵（Columbia Hills）上缓慢行进。

“机遇号”在火星表面工作了 15 年之久，轻松打破了“海盗 2 号”的纪录，并走过了比奥运会马拉松比赛总长还要远的距离，寿命着实令人惊讶。

这一路上，它经历了几场猛烈尘暴的袭击，也曾被困在一个沙丘的深处，花了六周的时间才得以脱身。在工作的第一年，它在火星表面发现了一块完整的陨石。随后，它探索了厄瑞玻斯陨击坑（Erebus Crater）、维多利亚陨击坑（Victoria Crater）和因代沃陨击坑（Endeavour Crater）。

“好奇号”

Curiosity

“勇气号”和“机遇号”的成功激励着科学家们，他们变得更加雄心勃勃。2012 年，他们将足有一辆轿车大小的“好奇号”火星车降落在火星上。它太大了，无法装进安全气囊里降落，所以，科学家们采用了一台颇具未来主义风格外观的“太空吊车”将它吊放到火星表面。“好奇号”这个名字来自美国堪萨斯州的 12 岁华裔女学生马天琪，她在一次火星车公开征名中提出了这个名字。“好奇号”降落在盖尔陨击坑（Gale Crater）底部、海拔 5.5 千米的夏普山（Mount Sharp）的阴影下。它装有六个轮子，每个轮胎的表面都印有摩尔斯电码图案（.---.--..-..），即喷气推进实验室的缩写“JPL”，用以在火星表面留下喷气推进实验室的标志，还可以帮助火星车的相机测量自身的运动距离。2013 年，“好奇号”以特定的频率振动土壤样本分析仪，为自己演奏了一首生日快乐歌。这是第一次有歌曲在另一颗行星上“播放”。这次任务揭示了盖尔陨击坑可能曾经是一个湖泊，雨水曾从它古老的山坡上流下，充满了这个湖。

地方土特产
Local Produce

人类在火星上的第一步将标志着一个历史性的里程碑，这项事业需要人类的坚忍与技术相匹配，以使我们自己在另一个世界下锚。

巴兹·奥尔德林（Buzz Aldrin）

铁　锈
Rust

火星以其红色的外表而著称，其表面物质中含有大量的氧化铁（铁锈），形成了一种独特的色调。尽管这颗红色行星的体积比地球小，但其表面氧化铁的总量却是地球的 2 倍多。

太阳系中的所有岩质行星都含有铁，天文学家认为，这些行星是由旋转的含铁元素的星云形成的。在地球上，大多数的铁都沉入了地球的中心，并在那里形成了一个铁质的地核。

然而，在引力较弱的火星上，更多的铁留在了这颗行星的表面。火星表面的大部分铁在火星早期气候还温暖湿润的时代就被氧化了。

在随后数十亿年的时间里，火星逐渐干燥，强风导致了岩石的风化，形成了覆盖在火星表面的红色粉末。这层红色粉末的厚度最多只有 2 米。

在这层尘土之下，是由玄武岩组成的深色火山岩床。因此，如果没有那层薄薄的锈尘，火星的颜色就会更接近深灰色，那样的话，火星就不会以罗马战神的名字命名，它在夜空中也不会那么容易被认出来。

对页图：为“火星 2020”探测任务（Mars 2020 Mission）设计的火星车艺术效果图。这些未来的火星车在很多方面的设计都会基于之前的火星车（比如“好奇号”），上面将装有钻头，以深入火星地表那层铁锈之下进行探索

甲 烷
Methane

火星最大的谜团之一，就是火星大气中一直有甲烷气体。

甲烷的化学式是 CH_4，它的结构是一个碳原子与四个氢原子相连。来自太阳辐射的大量紫外线提供了充足的能量使这些分子解离，这个过程可以破坏所有的甲烷。任何一个甲烷分子的最长寿命只有 600 年。因此，如果我们今天观测到火星上面有较大量的甲烷，那么它们一定是最近才进入大气层的。

这些甲烷是从哪里来的？在地球上，90% 的甲烷是由生物产生的。如果火星上的甲烷也是这样生成的，那么一些古老的、早已死亡的生命形式基本与此无关，因为它们产生的甲烷到今天早已被破坏殆尽了。如果这种气体确实起源于生物，那么在很久以前，火星上就可能存在生命，甚至它们有可能现在仍然存在。

在你为能与真正的外星生命在火星上共度假期感到兴奋之前，还存在其他可能。也许这些甲烷是由远古早已灭绝的生命制造的，但被封在火星的冰层里，只是随着时间的推移才慢慢逸出。也有可能是古老的火山制造了这些甲烷，只是现在才从地下冒出来。

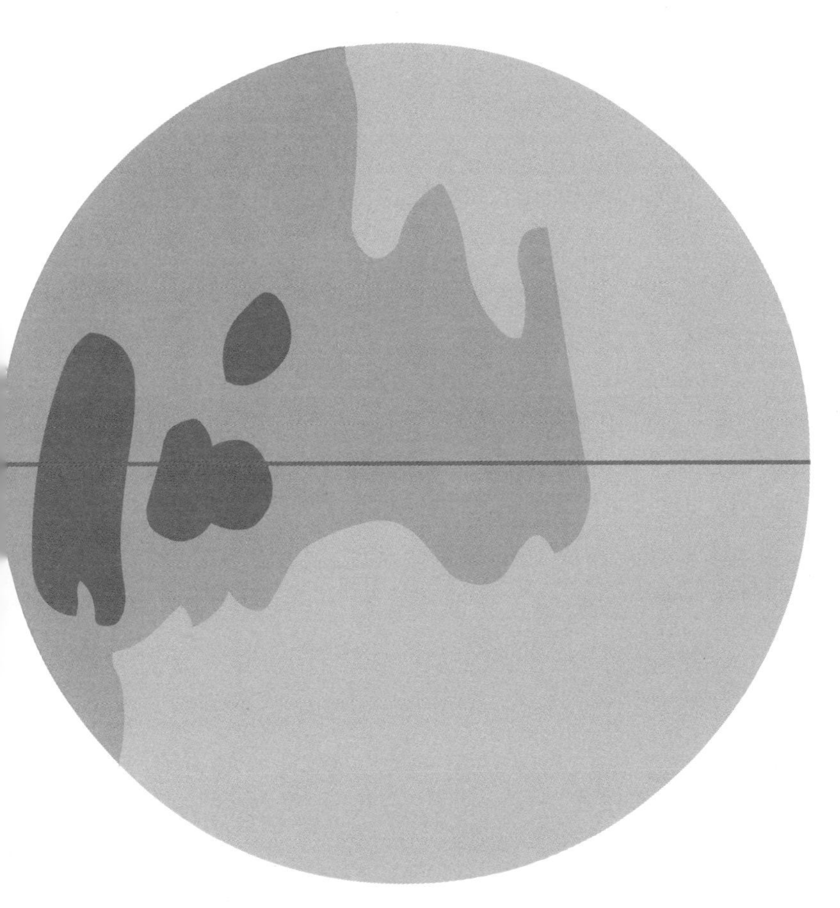

赤道地区的甲烷浓度更高(图中颜色较深的区域)

干　冰

Dry Ice

和地球一样，火星南北两极也有冰盖。然而，火星冬季的气温会骤降到极低的水平，以至于火星稀薄的大气中数万亿吨的二氧化碳也会以干冰的形式被冻结在极冠。干冰和音乐会上用来制造烟雾效果的东西是同一种物质。轨道飞行器的观测表明，火星上 15%~30% 的二氧化碳在不断地重复这种气态和固态之间的变化。

火星北极的干冰层只有 1~2 米厚，一旦冬天过去，干冰层就会消失——气温升高会把二氧化碳送回火星大气层。

然而，由于火星不同寻常的季节变化，南极的干冰层要厚得多，差不多有 8 米，即使在夏季也不会完全消失。

美国航天局的火星勘测轨道飞行器（MRO）甚至在冬季发现了南极极冠上的二氧化碳雪云。测量结果表明，云中的颗粒大到足以以雪花的形式飘落下来。

火星被认为是太阳系中唯一一个下二氧化碳雪的地方，干冰会以降雪和霜冻的形式沉积在冰盖上。

必去景点

Places to Visit

人生中最快乐的时刻……
是去未知的地方。

理查德·弗朗西斯·伯顿爵士
（Sir Richard Francis Burton）

极　冠

The Polar Caps

火星的冰冠处于不断变化的状态，因为温度会随着季节的变化而变化。当干冰变回气体时，猛烈的风会以每小时 400 千米的速度吹过两极。狂风会将附近松散的沙子塑造成一系列壮观的沙丘。从轨道飞行器上望去，部分沙丘看起来像草或海藻的形状，但这些深色的图案只是沙地中的雪崩。

北极深谷的透视图

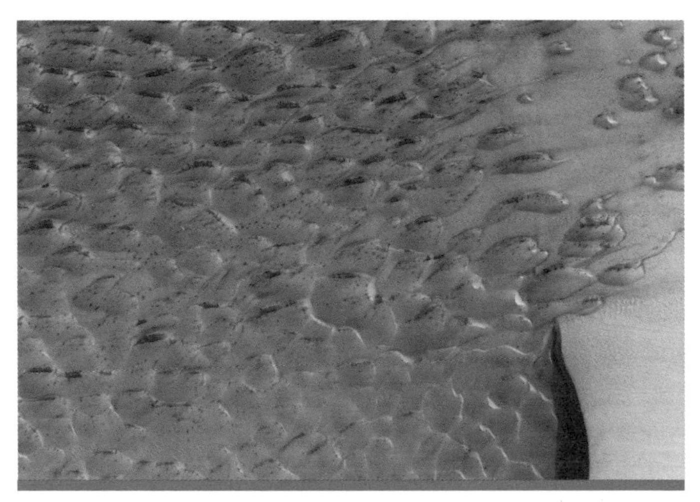

在图片的左上角，可以看到类似树木的深色沙瀑布

北极被巨大的北极深谷（Chasma Boreale）主导，这条560千米长、2千米深的峡谷几乎把极冠切成两半。天文学家认为，它在极冠形成之前就存在了，而且每个冬天都会延长。南极极冠周围的区域覆盖着地球上不存在的、不寻常的地貌，包括“蜘蛛”状辐射丘——一种黑色的、类似蜘蛛的投影。

当南极从严冬中复苏时，强烈的阳光会穿透冰层，在冰层下形成一团团的气体。当气体从冰层上的孔道喷出时，就会形成从同一点发散开来的放射状沟槽。升华作用——二氧化碳从固体直接转化为气体的现象——还会将火星南极地区变成类似瑞士奶酪的地形。

塔尔西斯突出部

The Tharsis Bulge

火星拥有一片广袤的火山高原，从亚马孙平原（Amazonis Planitia）到克律塞平原，绵延 5,000 千米。塔尔西斯地区的面积堪比一片大陆，它覆盖了火星表面的 25%，是三座高耸的火山——阿尔西亚山（ Arsia Mons ）、孔雀山和阿斯克劳山（Ascraeus Mons）的家园，它们中的每一座都比珠穆朗玛峰还要高。三座火山合称“塔尔西斯山脉”（Tharsis Montes），1971 年第一次被“水手 9 号”探测器发现。

火星上最高的火山——奥林波斯山坐落在这一地区的西部，而水手号峡谷群则在它东部的斜坡上留下了刻痕。这个隆起地带横跨西半球的赤道，是大约 37 亿年前由火星地表下的熔岩汇集而成的。最新的观测表明，从最南端的阿尔西亚山开始，这些熔岩逐步形成了塔尔西斯山脉的一座座山峰。

塔尔西斯山脉形成过程中，足有 100 亿吨来自火星内部的物质急剧上涌，显著地扭曲了火星的地形，导致火星倾斜了至少 20° 。

因此，一些研究人员指出，塔尔西斯突出部的形成是这颗红色星球气候急剧恶化的主要原因之一。

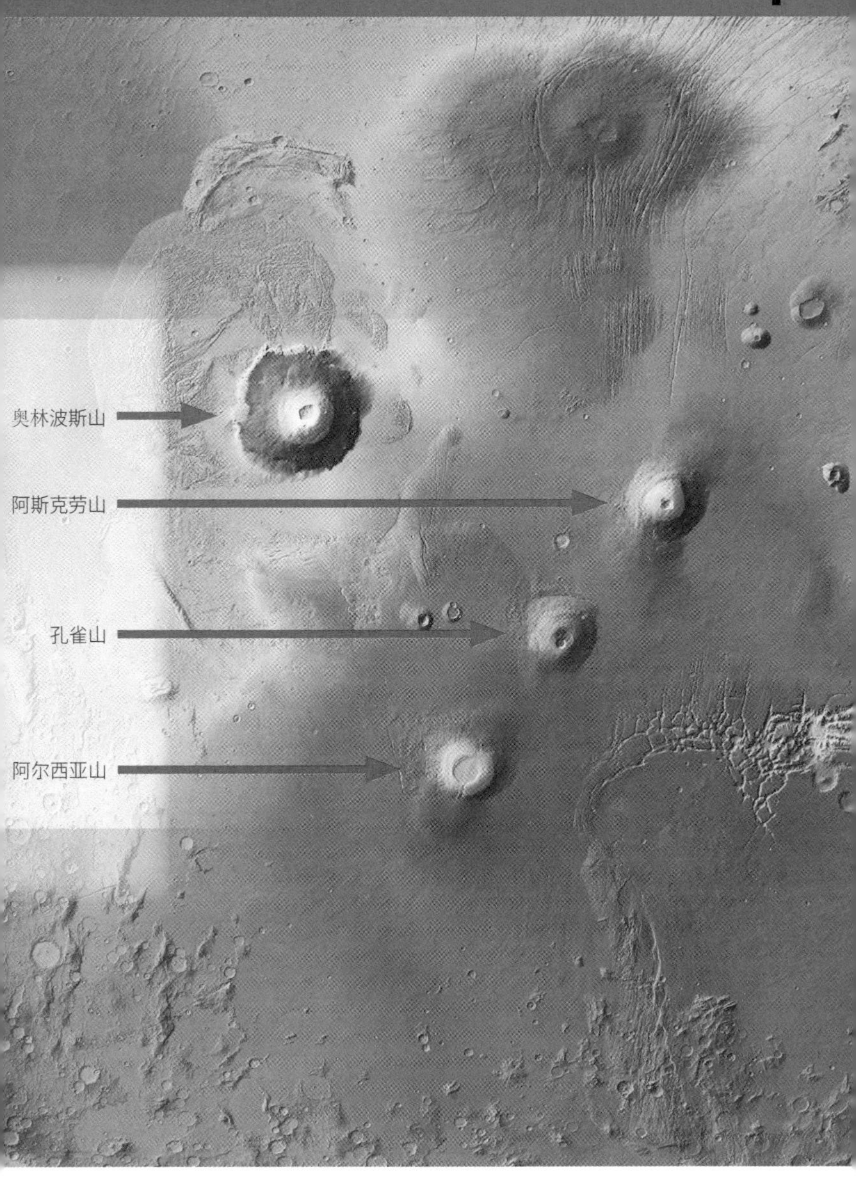
奥林波斯山
阿斯克劳山
孔雀山
阿尔西亚山

盖尔陨击坑和夏普山

Gale Crater and Mount Sharp

直径 154 千米的盖尔陨击坑是 2012 年美国航天局“好奇号”火星车的着陆点。之所以选择这里，是因为陨击坑中存在黏土和硫酸盐矿物——二者的成因都可能是水的沉积作用。科学家们现在相信，这个 35 亿年前脱胎于一次剧烈撞击的陨击坑曾经是一个巨大的湖泊。化学分析表明，湖中的水足够干净，可以饮用。

陨击坑中发现了碳、氢、氮、氧、磷和硫元素，这些都是生命的关键成分，人们由此猜测，这里曾经是微生物的家园。一旦水消失，生命就会消失，或者还可能在地下水层中顽强生存。一系列径流形成的三角洲和冲积扇——包括薄煎饼三角洲（Pancake Delta）和皮斯峡谷冲积扇（Peace Vallis Fan）表明，在数百万年的时间里，这个湖的水量会定期变化。

远古的河流注入湖中，在陨击坑的中心留下了沉积物。在火星的气候发生变化、湖水干涸之后，这颗行星上恶名昭彰的风把湖底的沉积物塑造成了高 5.5 千米的中央峰夏普山［正式名称为埃俄利斯山（Aeolis Mons）］。

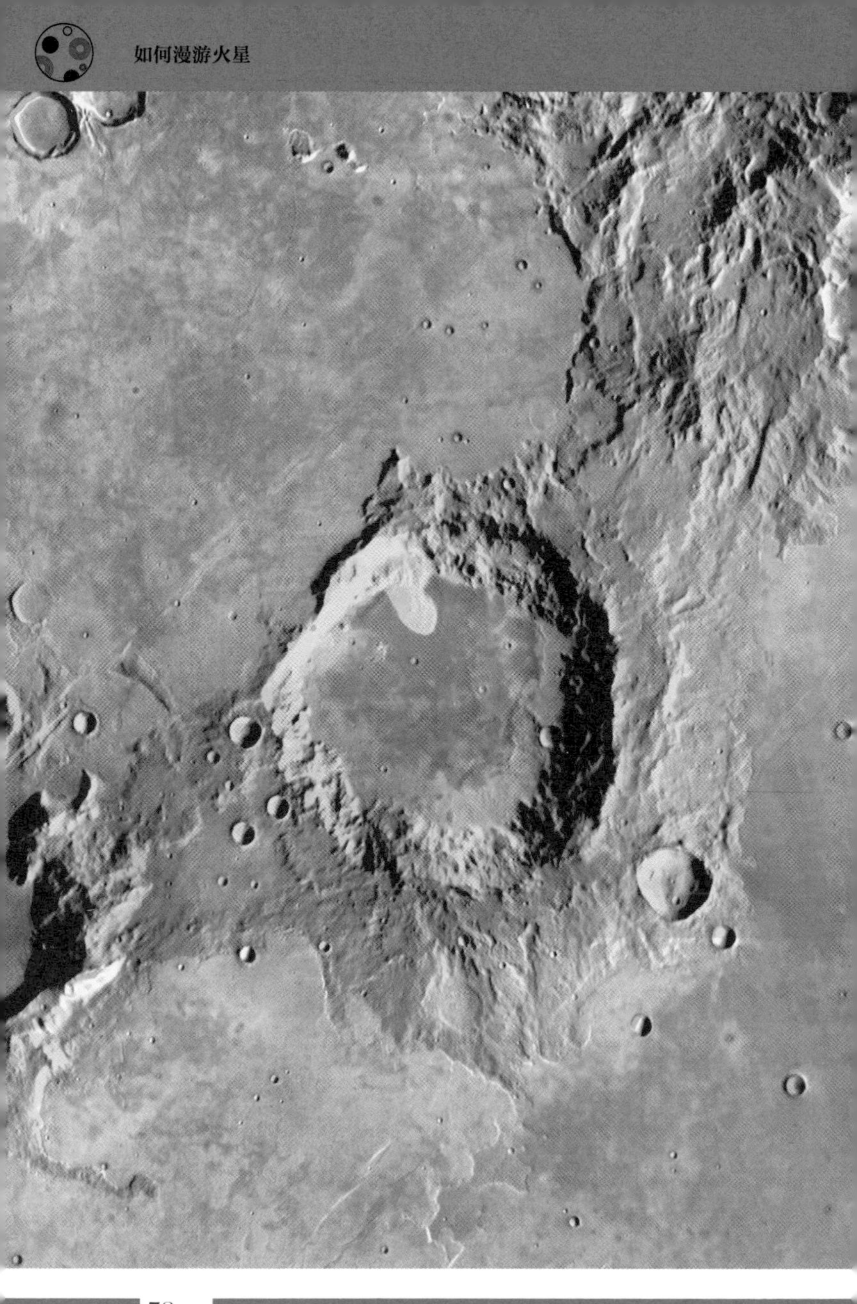

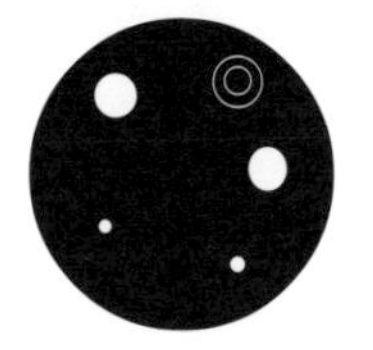

塞壬台地

Terra Sirenum

与塔尔西斯突出部的平坦地形构成鲜明对比的，是塔尔西斯西南方 4,000 千米宽的塞壬台地。这是一个分布有众多陨击坑的高地，最大的撞击痕迹是直径 300 千米的牛顿陨击坑（Newton Crater）。

春季和夏季，陨击坑的边缘会出现季节性条纹：它们可能是由盐水的流动导致的。大量干涸的冲沟表明，在火星气候较温和的过去，有大量的水流经该地区。“火星奥德赛号”（Mars Odyssey）探测器发现的氯化物沉积物，为火星过去存在水提供了更多证据。行星学家认为，当水消失后，这些沉积物留了下来。今天，还不断有新的冲沟显现。

2013 年，美国航天局的火星勘测轨道飞行器在塞壬台地附近的斜坡上发现了一条新的沟槽。对其成因的解释是二氧化碳霜的活动，与水无关。这里的一些陨击坑含有冰，人们认为这些冰是过去降雪时沉积下来的。该地区的部分区域还显示了过去的构造活动和火星古老磁场的证据。与地球相似的其他地理特征也在塞壬台地被发现，包括冰舌、牛轭湖和熔岩流。

对页图：塞壬台地的俯视照片

伯勒里斯盆地
Borealis Basin

即使是快速浏览一下火星地图，也能发现火星地形那“阴阳双面脸”的特点。火星南部被隆起的高原占据，北方却平坦得令人难以置信。巨大的伯勒里斯盆地（即北极盆地）覆盖了火星表面的 40%。

火星这种南北半球之间分界的特征是行星学家们争论不休的话题。一些人认为，伯勒里斯盆地一定是远古时期的一次巨大撞击造成的。这次与火星撞击的天体直径至少有 1,600 千米，比冥王星还要大。如果伯勒里斯盆地真的是撞击造成的，那它将是太阳系中最大的陨击盆地。

这次撞击事件也有可能产生了火卫一和火卫二这两颗卫星——撞击时被抛入轨道的碎片后来可能聚合在一起，形成了两颗卫星。这与传统理论形成了鲜明的对比，传统理论认为，这两颗卫星是火星引力所捕获的来自附近小行星带的小天体。

主张远古撞击论的人指出，火星南部存在磁场异常。这次撞击产生了巨大的冲击波，横扫火星，破坏了另一面的壳。不管这个低洼的盆地起源于什么，这里都曾经是火星最大海洋的所在地，直到后来，那片海里的大部分水都流失到太空中或在地面冻结起来。

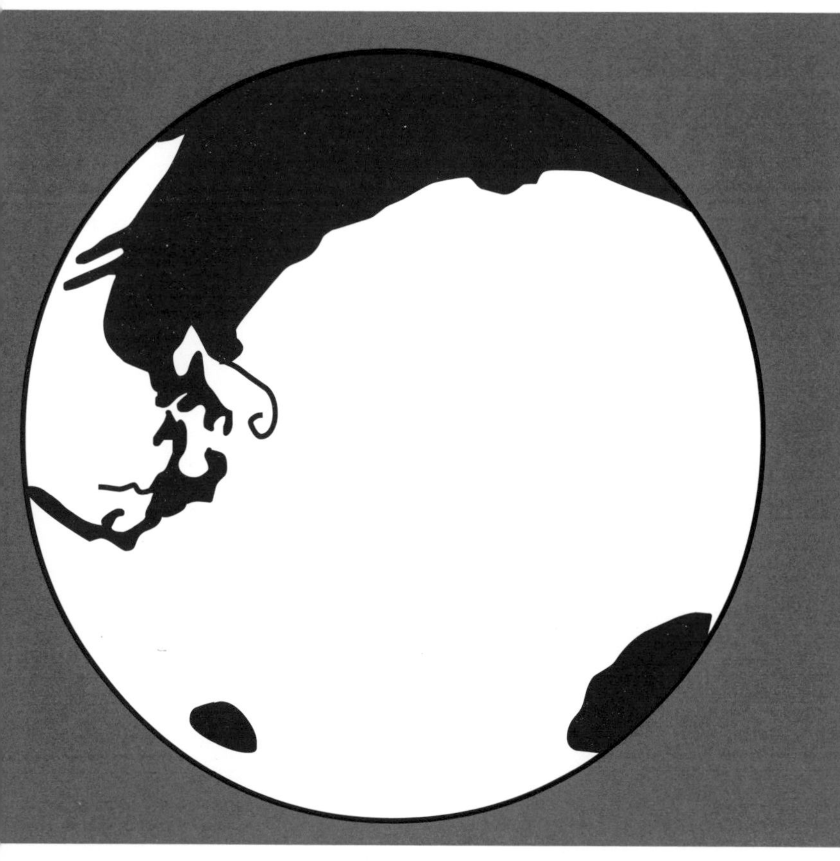

我们可以看到火星上有五个巨大的陨击坑，其中包括伯勒里斯盆地（顶部）、希腊盆地（右下）和阿耳古瑞盆地（左下）。颜色越暗，表示这个区域的海拔越低

大瑟提斯

Syrtis Major

在火星南部高地和北部低地的边界上，坐落着具有独特黑色地貌的大瑟提斯高原（Syrtis Major Planum）。人类对这一区域的观测已经有很长一段时间了——17 世纪，荷兰天文学家克里斯蒂安·惠更斯曾用它来估算火星日的长度。这是人类在另一颗行星上发现的第一个永久性特征。

多年来，大瑟提斯高原被冠以各种各样的名字，包括“沙漏海”和“凯撒海”。它现在的名字来自乔瓦尼·斯基亚帕雷利于 1877 年绘制的火星地图。

它最初被归类为低洼平原，并被命名为“大瑟提斯平原”。然而，我们现在知道，它是一座古老的、平缓的盾状火山，所以，它的名字已经被修正为大瑟提斯高原。它的西端比东端高 4 千米。

该地区的标志性黑色来自玄武岩，这是一种由冷却的熔岩形成的岩石。此外，这一区域普遍缺少火星上本应无处不在的红色尘埃。高原的外观会随着季节的变化而变化，因为风会把那里仅有的一点尘埃重新分配到各个陨击坑下风处明亮的条纹中。

对页图：“海盗号”轨道飞行器（Viking Orbiter）从火星上空 2,000 千米处拍摄的大瑟提斯的照片。照片右边的暗色区域是大瑟提斯高原，照片中心靠近底部的那个巨大的陨击坑是惠更斯陨击坑（Huygens Crater）

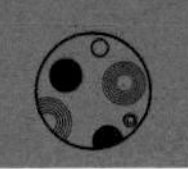

赫斯珀里亚高原

Hesperia Planum

另一个由乔瓦尼·斯基亚帕雷利于1877年命名的地区是赫斯珀里亚高原，它以其皱脊而闻名，那是古老的熔岩淹没这里的平原时所形成的结构。

“赫斯珀里亚”的意思是“西部的土地”，它位于火星的西半球，因而获得了这个名字。这片平原的西端坐落着第勒纳山（Tyrrhenus Mons），这座火山只有1.5千米高，比火星上的大多数火山都要低得多。

这可能是因为火山并没有将岩浆喷发到火星地表，而是喷出的火山灰和尘埃回落，形成了平缓的山坡。这些微小的山峰被称为“paterae”，在拉丁语中是盘子的意思。第勒纳山显示出明显的侵蚀迹象，表明它相当古老。

这一地区附近存在几个大型陨击坑，它们形成于太阳系中仍有大型撞击体飞来飞去的年代，这进一步表明火星的这一部分表面远不是新近形成的。

其中一个陨击坑的形状像一只蝴蝶，它是一个长24.4千米、宽11.2千米的大型椭圆。火星的四个地质时代之一——赫斯珀里亚纪（在前诺亚纪和诺亚纪之后，目前所处的亚马孙纪之前），就是以赫斯珀里亚高原之名命名的。

对页图：赫斯珀里亚高原的一张特写照片

子午高原盐沼

The Meridiani Salt Flats

在美国、玻利维亚和智利等地广阔、干燥的盐碱滩上，可以看到地球上一些最壮观的地理景观。

火星也是如此。“机遇号”火星车 2004 年着陆点所在的子午高原就有近 50 平方千米壮观的盐滩，这些盐滩常被拿来跟美国犹他州的邦纳维尔盐滩相比。

和地球上的盐滩一样，这些地区曾经也分布着咸水湖，当湖水消失后，盐留了下来。根据盐层的厚度估计，曾经的子午湖含盐量只有地球海洋的 8%。所以，这里的水更像是淡水，甚至可能适合结构简单的微生物生存。

在火星上，类似的氯化物沉积点已经发现了超过 640 处，其中最引人注目的一处是在塞壬台地。然而，对子午高原盐滩的分析表明，原始湖泊大约在 36 亿年前仍然存在——大约是火星形成 10 亿年之后。这意味着它是火星气候恶化前最后的大规模液态水的遗迹之一。

对页图：火山灰在子午高原上堆积

加尔尼陨击坑的水流痕迹

The Water Flows of Garni Crater

自从火星“运河”这个错误的翻译引发混淆以来，人类一直对火星上存在生命的想法念念不忘。从我们对地球生物的了解来看，所有生物，不管是微小的细菌还是巨大的蓝鲸，都至少需要一点液态水才能生存。

所以，在火星表面发现液态水总是会立刻让天文学家们兴奋起来。问题在于，火星上的液态水非常罕见。这颗行星

微弱的大气压力意味着水通常会跳过液态，从冰直接变成水蒸气，这个过程被称为“升华”。然而，在加尔尼陨击坑的斜壁上，似乎发生了一些不同寻常的事情。在这里，可以看到长达数百米的季节性黑色条纹出现在坑壁上。

从轨道飞行器的观测分析来看，应该把这种现象归因于液态水的运动。人们认为这种水的含盐度极高，因为盐有助于降低水的冰点，就像公路和人行道上的盐可以防止道路结冰一样。这是迄今为止最有力的证据，表明火星能够存在液态水，尽管时间很短。

俄耳枯斯山口

Orcus Patera

俄耳枯斯山口因其形状像虎鲸而得名。火星表面这个不寻常的洼地几十年来一直困扰着天文学家。1965 年，“水手 4 号”首次拍摄到了它的照片。此后，包括“火星环球勘测者号”和“火星快车”在内的火星探测器对其进行了广泛的研究，但我们仍然不知道它是如何形成的。

它在火星赤道附近，位于奥林波斯山和埃律西昂山（Elysium Mons）两座火山之间，长 380 千米，宽 140 千米。起初，它看起来像一个陨击坑。然而，撞击体碰撞引发的爆炸通常会在行星表面形成一个圆形凹陷。如果俄耳枯斯山口真的是由一颗流浪小行星撞击形成的，那么它是以一个非常低平的角度撞上火星的。

其他科学家则把矛头指向了火山活动，指出它的存在形态与其他火山活动的迹象很接近。它也可能是由构造活动形成的——所谓的构造活动，是指行星表面随着时间推移而发生的移动。

山口边缘点缀着纵横交错的山谷状构造，称为地堑。然而，它们似乎是在俄耳枯斯山口形成后才出现的。因此，科学家们仍在为这一切挠头，而且这种挠头可能会持续下去，直到野外地质学家能够亲自考察该地区为止。

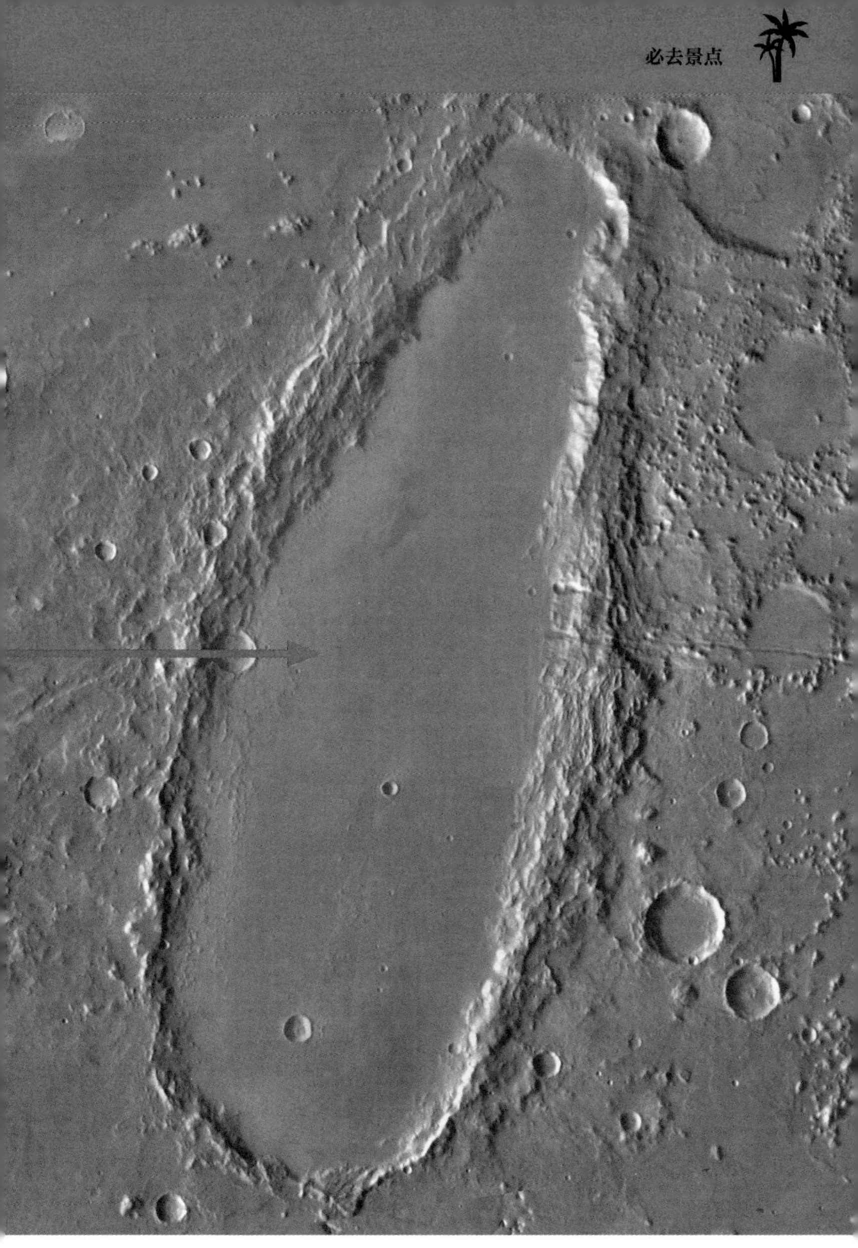

俄耳枯斯山口

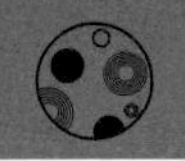

奥林波斯山

Olympus Mons

奥林波斯山是一座盾状死火山，它高出火星大地水准面近 22 千米，大约是地球上珠穆朗玛峰高度的 2.5 倍。它只比太阳系最高的山峰——小行星灶神星（Vesta）上的雷亚希尔维亚盆地（Rheasilvia Basin）的中央峰略低一点。

然而，攀登它并不像你想象的那么困难，它的山坡非常平缓，平均倾角只有 5°。它甚至不会让你觉得你是在登山。只不过在开始攀登时，不要指望能看到山顶，因为这座火山太宽了，以至峰顶位于视线之外！徒步走完这段路要花费你几个星期的时间。时间有限的游客可以考虑乘坐一班夕发朝至的卧铺班车。

和珠穆朗玛峰一样，上山有不同的路线，难度也不同。火山西北侧的坡度更缓，但如果你走东南侧的路线，山坡会更陡。

登上山顶后，你不仅能看到下方壮丽的火星景色，还能看到山顶巨大的火山口。火山口超过 60 千米宽和 3 千米深，那些在山上停留的人可以参加一系列引人入胜的攀爬和垂降活动。

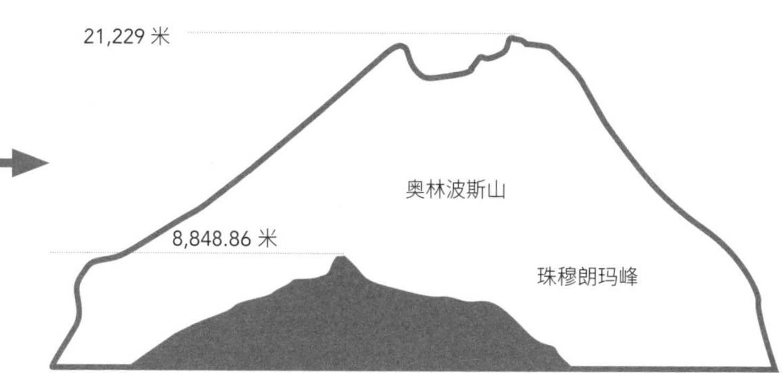
21,229 米
奥林波斯山
8,848.86 米
珠穆朗玛峰

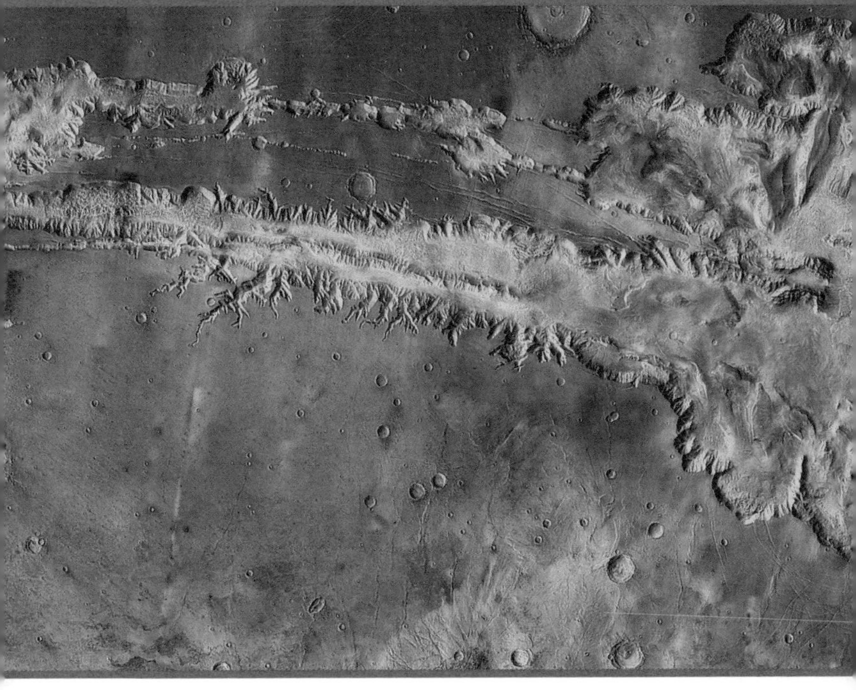

水手号峡谷群

Valles Marineris

和奥林波斯山一样，水手号峡谷群也是火星的一张名片。水手号峡谷群以第一次拍到它的“水手 9 号”命名，这条峡谷会出现在所有火星主题的明信片上，而且在礼品店里，到处都是它的图案。这是一个巨大的峡谷系统，全长超过 4,000 千米，几乎占了火星赤道的四分之一。这个长度几乎相当于横跨整个美国，完整地探索这一地区将花费你数月的时间。与美国亚利

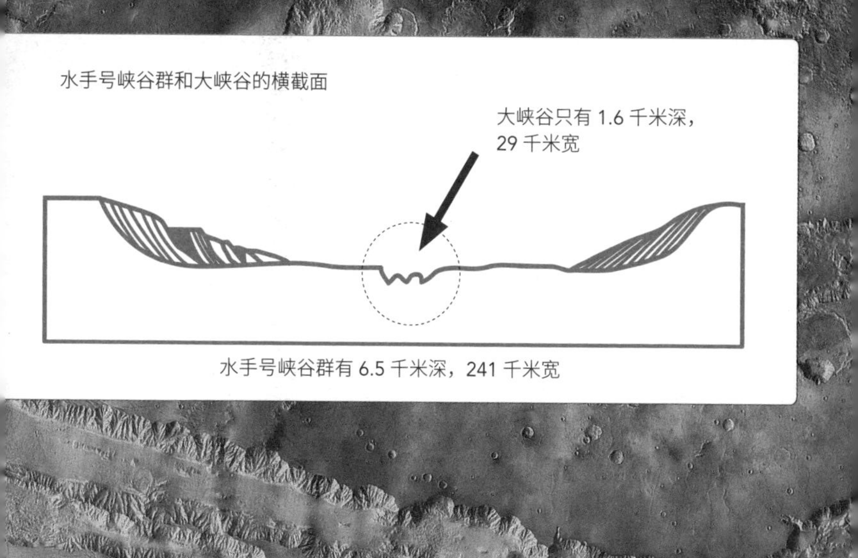

桑那州的大峡谷不同，水手号峡谷群不是由一条流经峡谷的古老河流冲蚀而成的。相反，行星学家认为它是塔尔西斯突出部形成时火星表面开裂形成的裂缝。自形成以来，侵蚀和山体滑坡使峡谷变得更宽，有些地方已经超过 200 千米宽、7 千米深。

从你在孔雀山的住所前往峡谷的旅程中，你要穿过诺克提斯沟网这一迷宫般混乱的区域。它直接连通到“旅馆”所在的熔岩管，你的探险将从那里开始。当你沿着山谷往前走，在到达另一端的克律塞平原之前，你会遇到一系列陡峭的峡谷，它们被称为“深谷”。

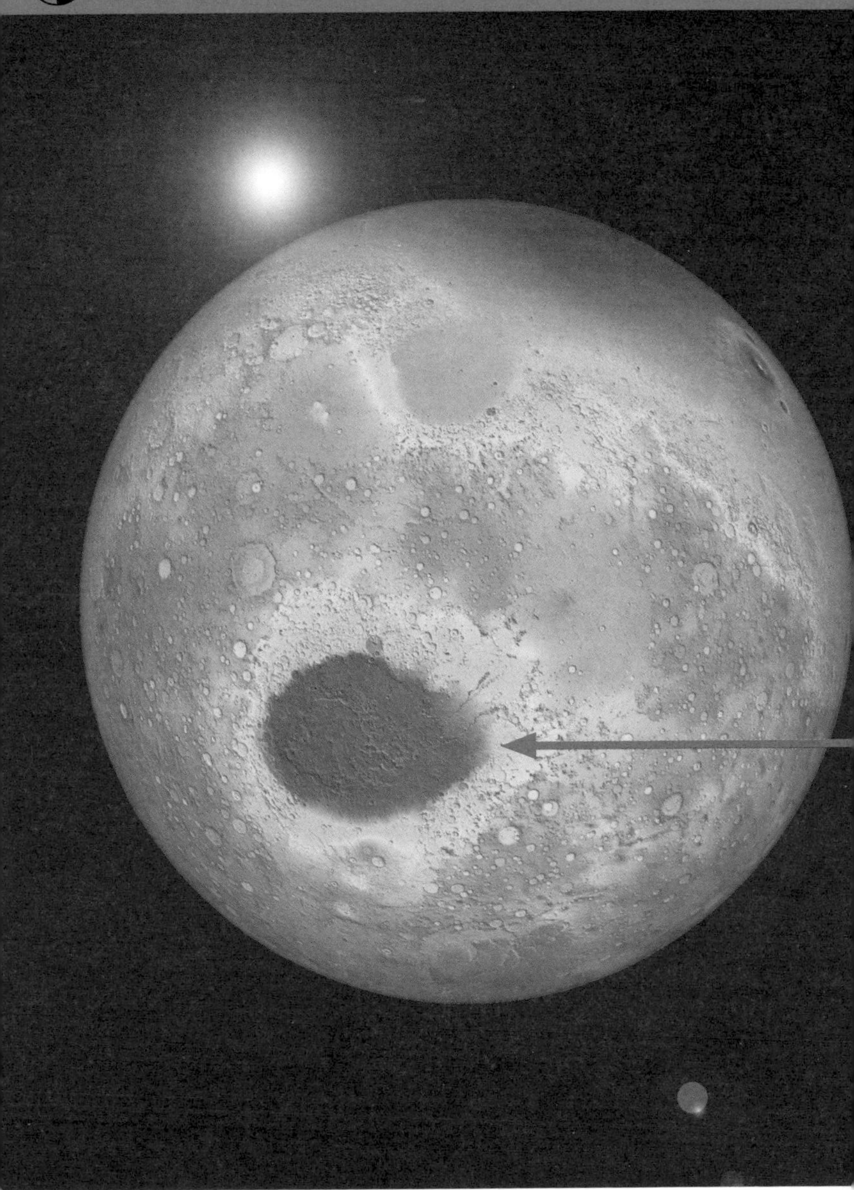

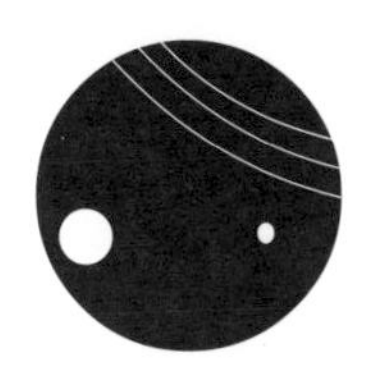

希腊盆地

Hellas Basin

希腊盆地位于火星南半球中部，是太阳系中最大的陨击盆地之一。它的直径达 2,300 千米，是火星上最显著的撞击痕迹。它大约有 8 千米深，这意味着珠穆朗玛峰也只能刚刚超过盆地边沿。火星上的最低点位于盆地之中，其底部的大气压力是火星平均水平的 2 倍。

天文学家认为，希腊盆地形成于 39 亿年前太阳系内的一次持续撞击事件——晚期重轰击（Late Heavy Bombardment）时期。这一时期，火星遭受了一颗巨大天体的碰撞。而月球上的大部分大型陨击坑也是在这一时期形成的。

希腊盆地得名于希腊语中表示“希腊”的单词“Hellas”，是由乔瓦尼·斯基亚帕雷利命名的，这里有许多地质学奇迹值得观赏。赫勒斯滂山脉（Hellespontus Montes）横跨其西部边界，而达奥峡谷（Dao Vallis）和鲁尔峡谷（Reull Vallis）的冲沟位于其东侧。后者被认为是当盆地还充满液态水时水的外流通道。阿尔甫斯小丘群（Alpheus Colles）在盆地底部层峦起伏，地质学家甚至在这一地区发现了火星冰川存在的证据。

对页图：从这个角度可以非常清楚地看到希腊盆地

夜宿火卫一

Stay the Night on Phobos

登陆火星之前，不要错过了这个机会。这颗红色行星的重力意味着从火星表面出发到火卫一的一日游费用高得惊人。所以，在踏上登陆火星“本星”的惊险刺激的旅途前，先在火卫一上过夜，不失为一种明智的选择。

作为火星最大的卫星，火卫一最引人注目之处是它极小的重力——那里的重力只有地球重力的 0.05%（火星重力的 0.15%），这意味着任何时候你都需要被固定在火卫一的表面。哪怕一件看似无害的事情，比如轻轻地纵身一跃，都会轻而

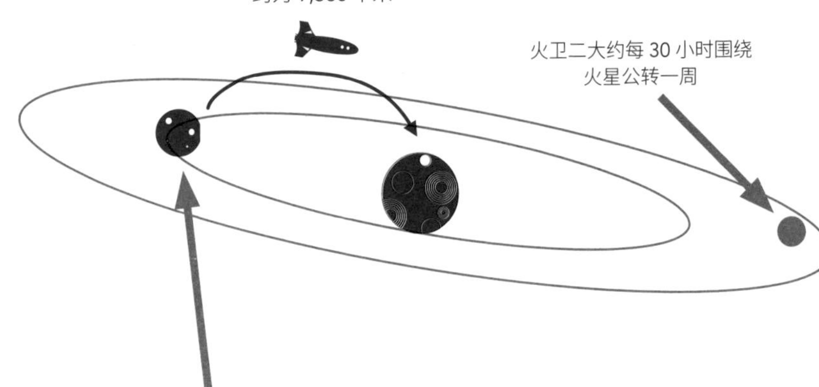

易举地让你滑入火星轨道。

这颗卫星上最大的旅游景点是一块 90 米高的直边巨石，周围环绕着广袤而荒凉的土地。尽管一些阴谋论者认为这是地外智慧物种在我们之前就到达那里的证据，但没有迹象表明它存在地质起源以外的任何其他可能。它很可能是一块在远古撞击事件中碎裂的巨石。

好好看一看火卫一吧——这颗卫星的轨道半径在不断减小，逐渐向火星靠近。最终，火星的引力会把它“撕”成碎片。在碎片掉到火星表面之前，它们会暂时成为一个火星环。

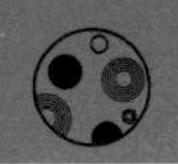

氧气工厂之旅

A Trip to the Oxygen Factories

我们人类需要很多照料，充足的氧气供应就是一个最主要的需求。在地球上，即使是在休息的时候，我们每分钟也会吸入大约 8 升的空气。其中 20% 多一点是氧气，此外还有近 80% 的氮气、少量的二氧化碳和其他气体。

为了在火星上生存，我们不得不在两极附近建设大型氧气工厂来生产我们所需要的氧气。工厂会在每个月的最后一个星期六向公众开放，但一定要提前预订，因为场地有限，并且很受欢迎。

我们在火星上的氧气有两种不同的来源：植物和水。巨大的水培食品农场内的植物能吸收二氧化碳，然后释放出氧气。一部分氧气会被抽取并储存起来，供我们呼吸。

然而，仅仅这样是不够的。在氧气工厂，大量的太阳能电池板可以产生电能，这些电会被导入取自极冠的水。

电会将水（H_2O）分解成氢和氧。氢气会被储存起来用作燃料，氧气会被装入加压容器中并运送到火星上的各个栖息地，以维持一个可呼吸的环境。

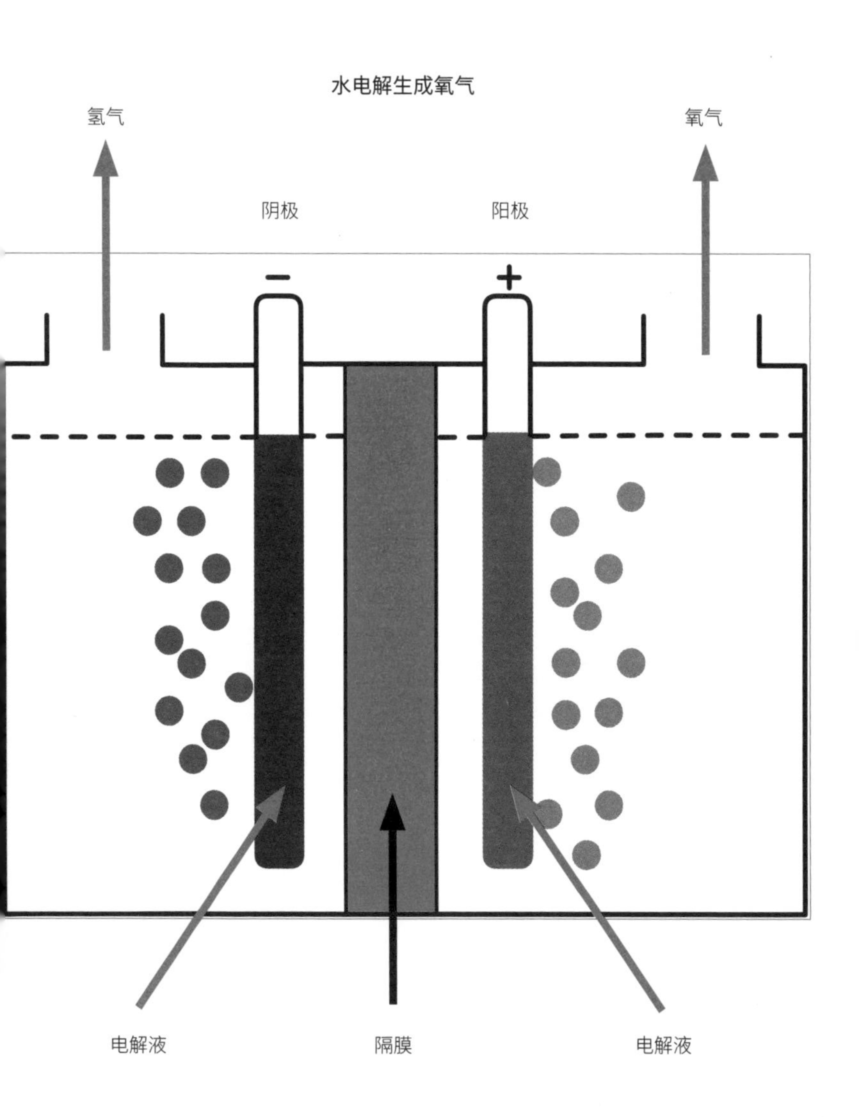
水电解生成氧气
氢气
氧气
阴极
阳极
-
+
电解液
隔膜
电解液

参观食物农场

Visit the Food Farms

所有的火星居民都必须是素食主义者，因为这里根本没有资源来畜养牲畜。所有的植物都生长在特别建造的穹顶温室里，那里的环境可以被小心控制。

电气照明设施过于昂贵，所以，这些温室会最大限度地利用自然光。温室内的压力足以让宇航员在不穿宇航服的情况下四处走动，参观该设施的行程可以事先安排预订。

植物需要土壤、养料、水和二氧化碳才能存活。火星上巨大的冰可以提供水，而且火星大气的主要成分是二氧化碳，所以这一项也没有问题。幸运的是，火星土壤相对友好，含有许多农作物生长所需的养分，但缺少足够的钾，所以请添加这种元素。播种前，也要小心地清除土壤中被称为高氯酸盐的有毒化学物质。选择能以最少的资源获取最大产量的作物种植，包括土豆、小麦、大豆、小萝卜、豌豆和韭葱。

一些实验设施正尝试在这个红色星球上培育昆虫——它们是重要的营养来源。比如，蟋蟀含有的蛋白质几乎和同等重量的牛肉一样多。不过，目前这些区域还不对外开放。

对页图：在国际空间站上，美国宇航员沙恩·金布罗（Shane Kimbrough）正在收获莴苣，这项蔬菜种植实验使用了与火星上相同的温室种植技术

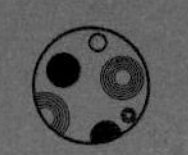

参观 3D 打印机

Take a Tour of the 3D Printers

在火星上，3D 打印机与氧气和食物一样重要。在火星的住所里，空间非常珍贵，因此没有必要储存你要用到的所有东西。取而代之的是，计算机资料库保存了服装、工具和材料的设计，然后由 3D 打印机按订单制作。当不再需要时，这些材料会被回收再利用。

就算某些紧急情况大大超出了移民们原定的剧本，以至于在资料库中找不到必要的工具或零件的制作方案，你也可以找地球上经验丰富的工程师团队定制设计方案，然后传送到火星供你下载。这比传统用火箭运载零件的方式快多了——按老办法需要花费数周到数月的时间，而现在一小时内就能传到。3D 打印机会在每个月的第一个星期日向公众开放，每位游客都可以从其中一台机器上打印一件纪念品。

这里还有一个通过虚拟现实头盔展示太空 3D 打印历史的展览。太空 3D 打印始于 2014 年，当时，美国航天局将一款扳手的设计方案通过电子邮件发送到国际空间站，宇航员巴里·威尔莫尔（Barry Wilmore）在那里打印出了这款扳手（见右图）。

必做之事
Things to Do

我们做得越多，我们能做到的事就越多；
我们越忙碌，我们的闲暇时光就越多。

达格·哈马舍尔德
（Dag Hammarskjöld）

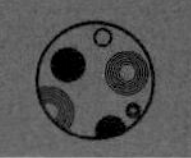

火星上的天文学

Martian Astronomy

在火星上观天是一件乐事。虽然你可以看到的星座和在地球上一样，但这里有地球上无可比拟的不寻常景象。你可以在日出前或日落后清晰地看到地球，那是一个蓝色的亮点。起初，你或许会误以为那是一颗恒星，但是你所认识的每一个人、你所知道的每一件事都包含在这个蓝色斑点中。你也可以看到它附近的月球，但是当月球运行到地球前方或

美国航天局火星勘测轨道飞行器上的 HiRISE 相机拍摄的地球和月球的远视图

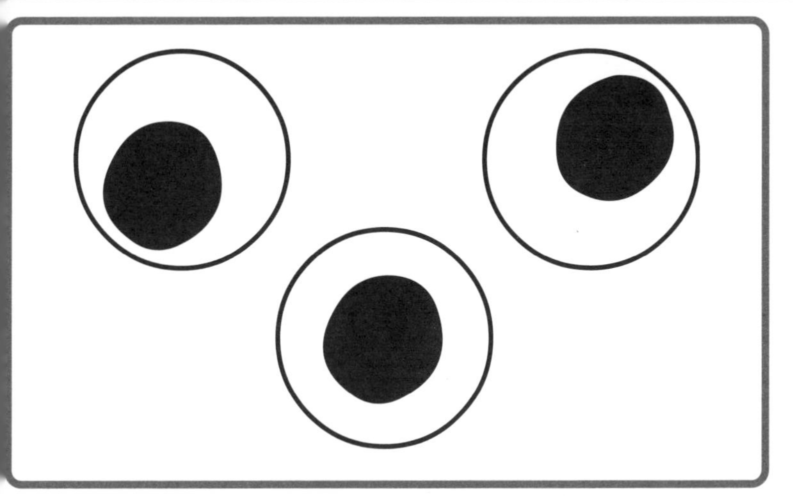

当火卫一从太阳前面经过时，其大小不足以引起日全食（像我们的月亮从太阳前面经过时那样）：在从火星发回的日食图像中，火卫一看起来只有太阳的一半大小

者后方的时候就看不见了。从望远镜中望去，我们的地球形似一轮新月，可以看到其表面一些模糊的细节。像这样近距离地回望家园，对于那些思乡的星际旅行者来说是一件鼓舞士气的事。

火星的卫星火卫一也非常值得观赏。它不到 8 小时就能绕着这颗红色行星运行一周，因此它每天会升起和落下两次。它和月球一样有相位，但是由于它在天空中移动得很快，它的相位每小时都在变化。火卫一经常从太阳前面经过，在这个过程中会造成日偏食。斯蒂克尼陨击坑（前面说过了，它是以阿萨夫·霍尔妻子的娘家姓命名的）是肉眼清晰可见的。由于火星围绕太阳运行的轨道比地球更远，因此，火星天文学家也可以比地球上的天文学家更近距离地观察木星和土星。

参观“猎兔犬 2 号”博物馆

Visit the *Beagle 2* Museum

2003 年圣诞节本应是英国太空探索史上的一个重要日子。欧洲空间局的“火星快车”任务将英国的“猎兔犬 2 号”着陆器带到了火星。着陆器的名字取自英国皇家海军勘探船“小猎犬号”，这艘船曾经把查尔斯·达尔文（Charles Darwin）带到了加拉帕戈斯群岛，以更多了解地球上的生命。

科学家们打算进行一系列的太空生物实验，旨在寻找火星上的生命迹象。负责此次飞行任务的科学家们紧张地注视着向伊希斯平原（Isidis Planitia）前进的着陆器。然而，失望很快接踵而来——“猎兔犬 2 号”再也没有消息了。这项任务于 2004 年 2 月宣布失败，并逐渐淡出了人们的视线。

然而，2015 年 1 月，美国航天局的火星勘测轨道飞行器的图像显示，“猎兔犬 2 号”到达火星表面后外观完好无损。它的四块太阳能电池板中有两块未能成功展开，致使它无法通信。

今天，“猎兔犬 2 号”的登陆点被作为一个博物馆保存了下来，到达火星后寸步未行的“猎兔犬 2 号”伫立在博物馆中庭的舞台中央。这座博物馆时刻提醒着我们登陆火星有多么困难：它的长廊描绘了人类从最早的探测器到第一次载人任务的火星探索史。

对页图：艺术家对火星表面“猎兔犬 2 号”着陆器的想象图

沙丘越野
Dune Buggying

这项活动是给你们中的肾上腺素“瘾君子”准备的。一家大胆的公司通过修理和改装一台有故障的火箭发动机，制造了一辆火星车。这家公司提供了一条令人兴奋的路线——穿过纳米布沙丘（Namib Dune）。纳米布沙丘是位于夏普山西北部的

假日快照：纳米布沙丘上的“好奇号”火星车在进行自拍

“阿波罗 17 号”（Apollo 17）月球车

巴格诺尔德沙丘群（Bagnold Dunes）的一部分。火星车经过加固的厚重外壳可以让乘客免受微小陨石或辐射的伤害。2015年，美国航天局的“好奇号”火星车首次探索了这一地区。

在地球上，沙丘可以分为两大类：脊间距约为 10 厘米的小沙丘和脊间距为数百米的大沙丘。夏普山附近这片独特的沙丘介于两者之间，脊间距约为 3 米。它们被火星风侵蚀了多年。这片沙丘是以英国军事工程师拉尔夫·巴格诺尔德（Ralph Bagnold，1896—1990）的名字命名的，他研究了地球上的风是如何移动沙子的。

火星表面的重力比地球低得多，这意味着，当火星车在陡坡上加速后冲向天空时，它会获得更长的“滞空时间”。当你飞过火星的天空时，希望你能把自己那翻江倒海的胃抛在脑后。火星车的大轮子和宽轮胎确保了你可以安全落地。

极地之旅

Aurora Field Trip

火星上的极光是这个星球上最空灵和最难以捉摸的特征之一。在地球上，我们那漏斗状的磁场可以将电能从太空汇聚到两极，从而在地球南北极上空被称为“极光卵”的狭窄区域产生极光。然而，火星已经不再具有全球性磁场。

火星的磁场只存在于某些孤立的区域，特别是南半球的高地。几家公司远征这些地区，希望能发现极光活动。不要指望出现地球上那样一望无际、生动明亮的绿色光幕。相反，火星的极光只发生在紫外线波段——超出了人类的视力范围。但是，旅行社会为你提供一副紫外线护目镜，让你能看到极光。这种极光只持续几秒钟，而且某个地点过去出现过极光，并不一定还会重复出现。

旅行社将检查最新的太阳活动预报，以估计极光活动增强的可能性。还请做好你在火星期间没有任何极光旅行的心理准备。然而，如果你的极光探险之旅成行，你必须待在旅行社提供的保护舱里，因为增强的极光活动与太阳耀斑和日冕物质抛射有关，后两者会显著加剧辐射威胁。

对页图：火星磁场线

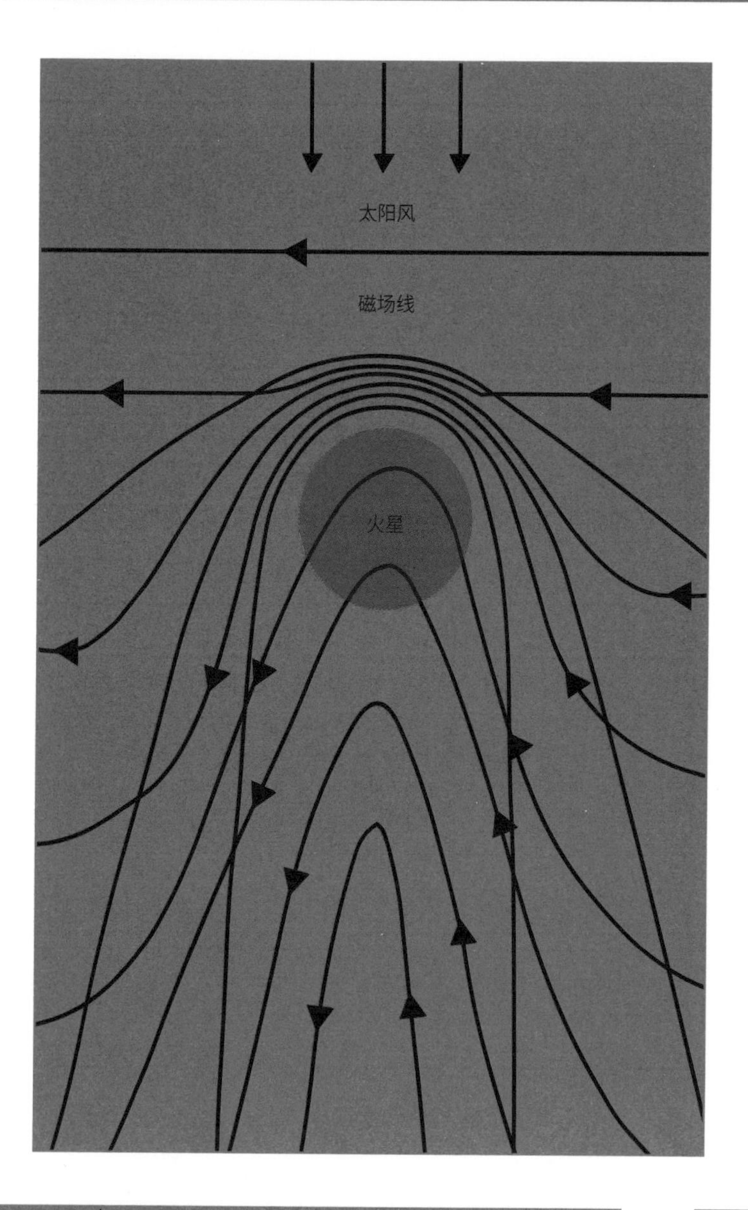
太阳风
磁场线
火星

日落野餐

Sunset Picnic

想在假期里来点小浪漫吗？许多豪华酒店会为情侣旅行者提供预先准备好的浪漫野餐，让他们在壮观的火星日落时分享用。所有这些舒适性都有赖于一个透明的保护罩，它可以保护你免受恶劣天气的影响。

关于火星上的日落，首先要记住的是，在火星上，你离太阳的距离比在地球上要远。所以，我们的太阳看起来大约只有地球上 65% 的大小，亮度只有地球上的 40%。

你也不要指望火星上的落日能有地球上那样明显的红色。在火星上，它往往呈现出一种奇怪的蓝色调，因为火星大气中的尘埃对光的散射效果与地球上不同。

火星的日落也不是很快。一旦太阳在地球上落下，黑暗很快就会包围我们。相比之下，在火星上，满天的尘埃会在太阳落下后持续反射太阳光，这一过程长达两个小时。这意味着你有更多时间和你爱的人一起享受野餐！

对页图：古谢夫陨击坑的日落，由美国航天局的“勇气号”火星车拍摄

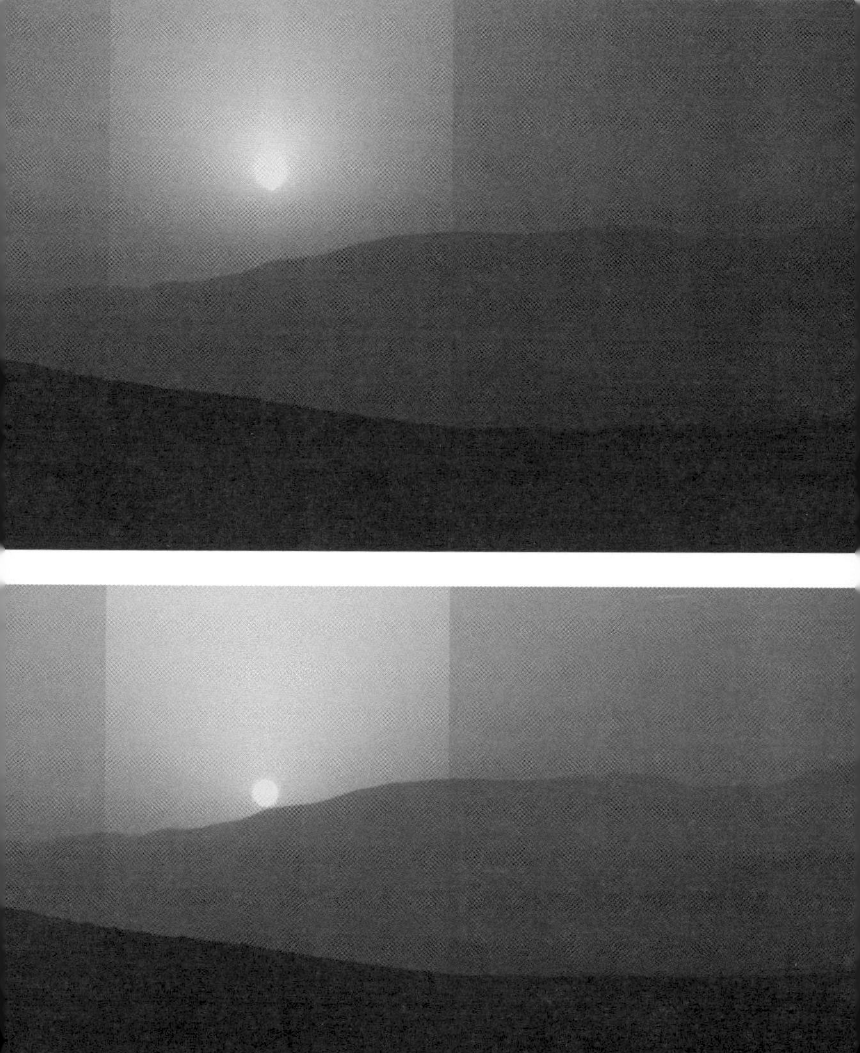

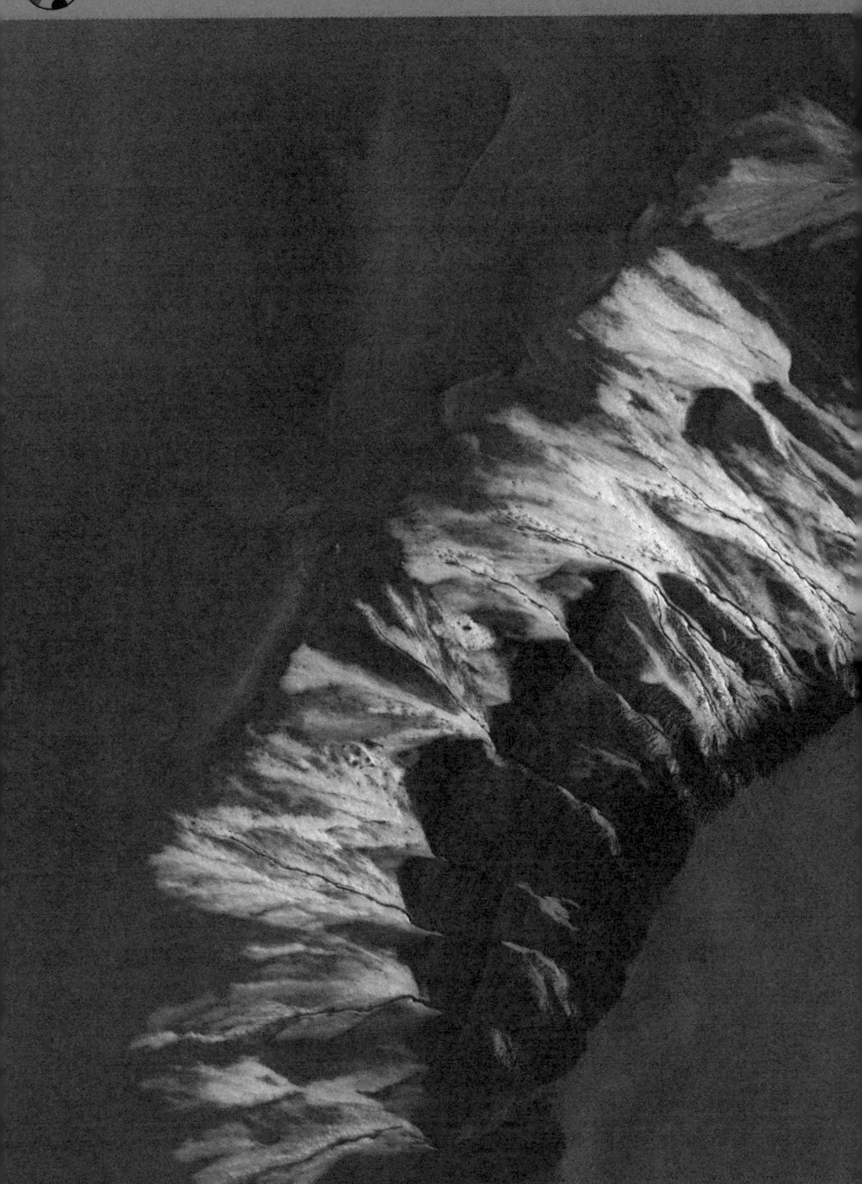

滑　雪

Skiing

火星冰盖的斜坡为你提供了一些太阳系中最壮观的滑雪胜地。然而，这里的运动体验与地球上的有着根本不同。

对于初学者来说，你必须穿着有氧气供应的宇航服滑雪。沿途的补给站是补充氧气的必要场所，这样可以将你的总体重量降到最低，并使你获得最佳的空气动力学外形。火星表面的重力比地球弱 3 倍，因此，你需要沿着比地球上长 3 倍的斜坡滑行，以获得接近地球上的速度。

在地球上，你的体重所施加的压力有助于融化滑雪板下的雪，从而形成一层薄薄的水来供你滑行。火星上使用的滑雪板更窄、更短一些，这样可以使滑雪板对冰的压力最大化，以再现地球上的滑行效果。地球上的滑雪板通常是黑色的，有利于吸收太阳能，帮助融化冰雪。火星上的阳光太弱了，无法达到这个效果。

在一些比较棘手的斜坡上，没有水冰，只有干冰。滑雪时，固体二氧化碳会直接升华为气体，因此不会提供一个可以滑雪的液体层。这时候，就需要底部涂有特殊蜡层、可提供必要润滑的大型滑雪板上场了。

对页图：春末的“雪山”
这张照片展示的是陨击坑内朝南的斜坡

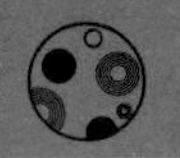

打高尔夫球
Play Pitch and Putt

人类是有在外太空打高尔夫球的历史记录的。艾伦·谢泼德（Alan Shepherd）乘坐“阿波罗 14 号”（Apollo 14）登上月球时，偷偷携带了一个六号铁杆的杆头和两个高尔夫球。他把杆头固定在一个月球样品采集勺的手柄上，做成一根临时高尔夫球杆，然后在月球表面把这两个球打了出去。

艾伦·谢泼德在他著名的月球高尔夫击球开始之前进行试验

米哈伊尔·秋林

2006 年，俄罗斯宇航员米哈伊尔·秋林（Mikhail Tyurin）在国际空间站外的太空行走中打了一杆高尔夫球，这是一个加拿大高尔夫公司搞的宣传噱头。和谢泼德一样，秋林用的也是六号铁杆，而国际空间站指挥官迈克尔·洛佩斯－阿莱格里亚（Michael Lopez-Alegria）为了让他在击球过程中保持稳定，不得不拽住他的双脚。

出于好几个原因，在火星上打一整轮高尔夫球是不可能的。较弱的重力意味着你可以把球打得比地球上更远，此外，火星稀薄的大气层所提供的微弱空气阻力也会使你击出的球飞行得更远。一个职业高尔夫球手在火星上可以把球击出 730 余米，因此火星高尔夫球场将非常大，会浪费宝贵的空间。不过，一个室内球场和推杆球场已经建成，能让你体验到在不同的重力环境下打高尔夫球的乐趣。

滑　沙

Sandboarding

你认为冲浪需要水吗？再想一想。在火星上，你可以在沙丘上“冲浪”。这种活动的灵感来自一种叫作“线形冲沟”（linear gullies）的自然现象。

这些沙地上的轨迹可长达 1.6 千米，宽 10 米。当干冰在火星的春天融化，升华成二氧化碳，带动沙子沿斜坡下滑时，它们就形成了。

这些沙子比你在地球的沙丘上见过的沙子要细得多。你会得到一个像在地球上滑雪用的单板那样的滑沙板，使用时，

巴格诺尔德沙丘群的一部分，沿着夏普山的西北侧，这里是一个非常受欢迎的滑沙胜地

你的脚会被固定在滑沙板上。板的底部涂有一层石蜡，模拟升华的二氧化碳，从而帮助你在沙子上滑行。

类似于平底雪橇那样的宽大滑沙板可供不太自信、更喜欢坐着滑的冒险者使用。当夏季火星的冰盖比冬天小得多而不宜滑雪时，滑沙提供了一个很好的选择。

拿地球来说，在玻利维亚、迪拜和澳大利亚的沙丘上也可以进行同样的活动。然而，在火星上滑沙就像滑雪一样，你必须从更高的高度起步，以达到与地球上相同的速度，因为火星表面的重力要弱得多。

攀　岩
Rock Climbing

如果说火星较弱的重力会使滑雪更加困难，那么它应该使攀岩更加容易。然而，你需要携带的生命保障系统和装备将抵消掉这种优势。火星上的岩石大多是由火山玄武岩组成的，这对攀岩者来说是特别好的消息。

当熔岩冷却时，熔岩的连接处通常会形成裂缝，这些裂缝呈柱状排列。它们为向上攀爬提供了极好的梯级。冷却的

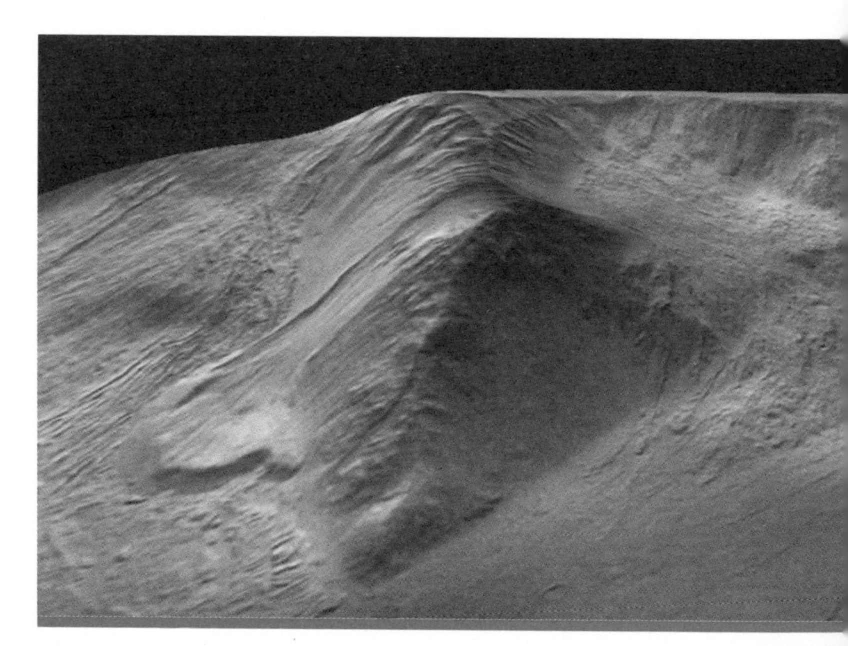

熔岩中还会形成气泡，称为“囊泡”，当你攀爬时，这些地方可以用作完美的手指孔。虽然你可以穿着普通宇航服在火星上攀岩，但一定要带上大量的修补补丁，以防你的宇航服被凸起的岩石划破。

不过，你需要彻底更换手套和靴子。攀岩需要非常灵巧的双手和手指，而你的宇航服手套会使你非常受限制。同样，发给你的标准宇航靴通常没有足够的抓地力来应付严峻的攀岩状况。

这个星球上最好的攀登地点在水手号峡谷群以及死火山奥林波斯山顶部 60 千米宽的火山口（如下图所示）。

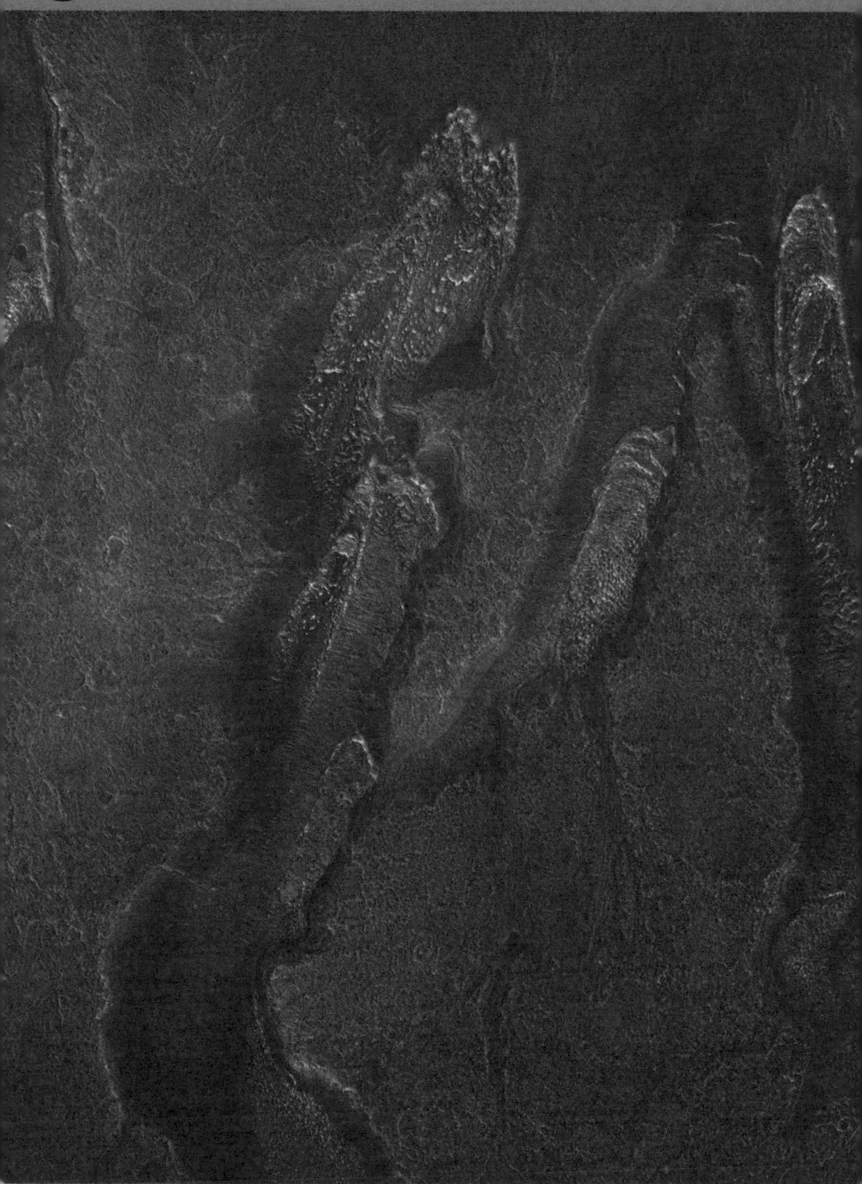

冰川徒步

Glacier Trekking

你不必冒险去寒冷的火星两极参加冬季活动。在火星赤道以北 30° 到赤道以南 50° 之间的带状地带就有冰川。冰川是缓慢移动的、如同河川般的冰体。最初，人们是通过火星轨道卫星上的雷达探测发现这些冰川的，因为它们隐藏在厚厚的尘埃下面。

一些冰川上的尘土已被清除，供喜欢冒险的游客体验冰川徒步。然而，这必须在严格的管理下进行，因为冰川顶部覆盖的灰尘是阻止冰消失的原因。向游客开放的地区需要不断地轮换，以长期维持冰川的存在。毕竟，水是火星上的宝贵资源。总共有 1,500 亿立方米的水被储存在火星的冰川里，如果这些冰川全部融化，火星将被 1 米深的洪水所淹没。

更有经验的探险家应该尝试探索伊斯墨纽斯湖区（Ismenius Lacus quadrangle）冰川的独特景观。沟壑、山脊和褶皱构成了这个地区崎岖不平的地形，这对徒步旅行者来说是真正的挑战。莫勒陨击坑（Moreux Crater）周围区域的景观特别令人惊叹，并且这里的地质由于过去的冰川活动而广泛地发生了变化。

对页图：这些冰川位于陨击坑南面的坑壁上，它们有着不寻常的亮点，这些亮点可能是由闪亮的尘埃和深色沙子组成的

地下温泉

Underground Spa

火星表面的水可能早已消失了，但这并不意味着它是一个完全干燥的行星。来自火星核心的余热足以维持巨大的地下含水层，这些含水层充满了曾经从火星天空倾泻而下的古老雨水。

与高温岩石接触而加热后，温泉会从孔雀山火山熔岩管的某些部位冒出来，它们距离酒店的洞穴不远。和地球上的温泉一样，这里的温泉水中也含有数十种有益健康的矿物质。

酒店提供日间水疗套餐，你可以尽情享受和放松。可在两种额外治疗套餐中二选一。最受欢迎的是泥浴，类似于地球上可体验到的摩洛哥哈娑土泥浴。泥浆来自形成于数十亿年前的大型火星陨击坑的内部和周围。敷上火星泥面膜能够吸出皮肤中的油脂，疏通毛孔。

还可以使用从附近塔尔西斯山脉三座火山的斜坡上挖出的光滑玄武岩进行热石按摩。火星岩石较高的含铁量意味着它可以长时间保持热量，这使其成为解乏去痛的理想选择。

大众文化中的火星

Mars in Popular Culture

在 19 世纪末，没有人相信这个世界正在被那些更聪明，但又像人类一样会生老病死的智慧生命密切地注视着。

H.G. 威尔斯（H.G.Wells）

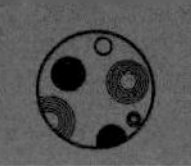

《世界大战》
The War of the Worlds

提到关于这颗红色星球的虚构描绘，首先想到的是H.G. 威尔斯 1898 年的经典作品《世界大战》。这部作品描写了英格兰南部被来自火星的外星人入侵的情节。火星人有灰熊一般大小，嘴巴周围布满触须。最初，他们受不了地球的空气，因此他们将自己封装在巨大的三脚机甲中，并在萨里郡横冲直撞，用热射线和有毒的黑烟将人化为灰烬。

虽然人类奋起反击，但伦敦最终还是沦陷了，看起来火星人已经成功地征服了地球。来自火星的红色杂草在可见之处疯狂生长。然而，这些入侵者受到了某种微生物的感染，最终不战而败。

这个引人入胜的故事已经被改编和重述过很多次。1938 年，奥森 · 威尔斯（Orson Welles）导演制作了一个电台广播剧，由于过于生动，许多听众信以为真，以为火星人真的来到了地球。20 世纪 70 年代，杰夫 · 韦恩（Jeff Wayne）将故事制作成了一张音乐专辑，理查德 · 伯顿（Richard Burton）为这张专辑录制了旁白。2005 年，好莱坞将其改编并拍成了电影，由汤姆 · 克鲁斯（Tom Cruise）主演，他在剧中名叫雷 · 费里尔（Ray Ferrier）。（在威尔斯的原著中，主角一直是无名氏。）

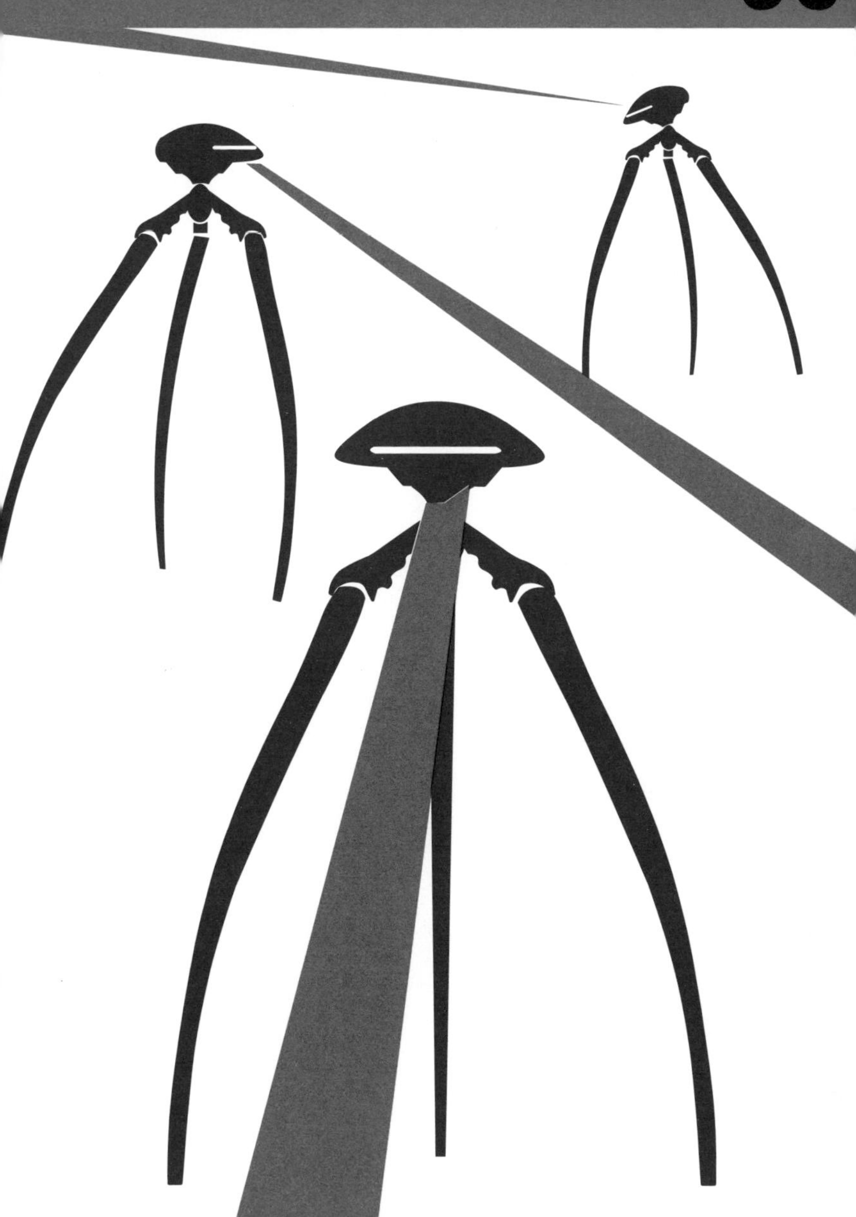

《火星人玩转地球》

Mars Attacks!

蒂姆·伯顿（Tim Burton）1996 年执导的《火星人玩转地球》是一部改编自同名集换式卡牌游戏[1]的黑色幽默科幻电影。这部电影风格独特，融合了喜剧、媚俗和科幻等元素，讲述了数百艘来自火星的太空船在地球上降落，入侵地球的故事。火星人抓获了几个重要角色并进行了实验。在一个令人印象深刻的场景中，莎拉·杰西卡·帕克（Sarah Jessica Parker）

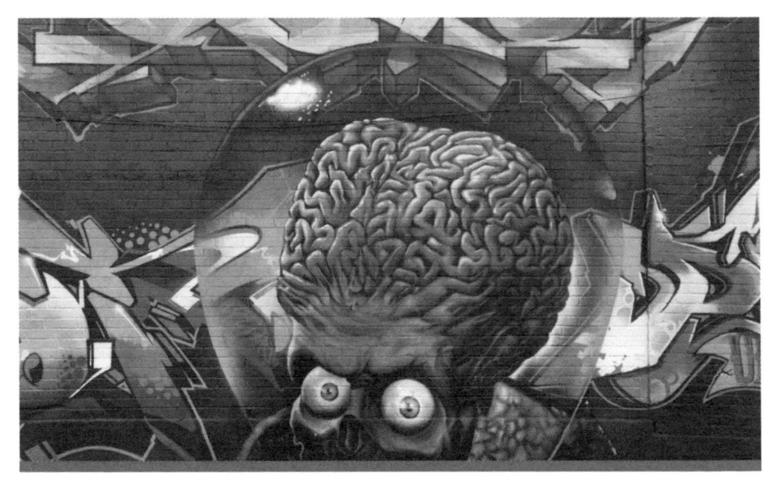

源于《火星人玩转地球》的街头艺术，位于蒙特利尔

1　以收集和交换卡牌为基础的游戏。一般来说，这些卡牌都有一定的价值，玩家之间可以交换或交易自己的卡牌。——编注

扮演的新闻播报员的头被换成了她的宠物狗吉娃娃的头。在另一个场景中，皮尔斯·布鲁斯南（Pierce Brosnan）扮演的唐纳德·凯斯勒（Donald Kessler）教授醒来后发现他的头也被切断了，而且周围全是自己被肢解的身体。后来，这两个没有身体的头颅坠入了爱河。歌手汤姆·琼斯（Tom Jones）甚至在拉斯维加斯的那场戏中客串亮相，当时火星人突然用激光枪射向人群，打断了他的演出。

火星人似乎正在赢得对地球人的战争，他们入侵了白宫，甚至杀死了总统。然后，就像H.G.威尔斯《世界大战》中的情节一样，他们的“阿喀琉斯之踵”被发现了——这次是斯利姆·惠特曼（Slim Whitman）的歌曲《印第安人的爱情呼唤》，听到这首歌，他们的脑袋就会爆炸。

最初的系列游戏卡牌发行于1962年，由科幻小说艺术家沃利·伍德（Wally Wood）和诺曼·桑德斯（Norman Saunders）创作，每张卡片都描绘了一个场景，反映的是邪恶的火星人试图逃离他们那注定毁灭的星球，入侵并殖民地球的故事。

20世纪80年代，该系列游戏卡牌扩大了内容范围后重新发行，蒂姆·伯顿以此为基础创作了他的电影（上图是他在圣迭戈国际漫画展上发表讲话）。

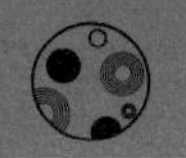

《火星救援》
The Martian

这部 2015 年上映的电影改编自安迪·威尔（Andy Weir）的同名小说，由雷德利·斯科特（Ridley Scott）导演。它赢得了金球奖最佳影片奖（音乐 / 喜剧类）。马特·达蒙（ Matt Damon ）获得同类影片最佳男演员奖。电影将时间设定为 2035 年，以一场剧烈的火星尘暴袭击开场，这场袭击让火星上的宇航员一下子陷入了迫在眉睫的危险之中。

人们纷纷寻找避难所。达蒙扮演的角色是植物学家马克·沃特尼（Mark Watney），当其他人跳上逃生火箭并返回地球时，他被飞船上吹落的零件击中了胸部，因而被留在了火星，濒临死亡。

沃特尼幸存了下来，安全返回居住舱后，他意识到自己

水培法是一种将植物的根直接放置在矿物溶液中种植植物的方法。这种方法可在飞往火星途中以及在火星“殖民地”使用

必须独自在火星上等待四年才能被营救。火星轨道卫星拍摄的照片清楚地显示火星上还有人类活动，美国航天局的工程师发现他还活着。得知消息后，正在返回地球的其他队员决定掉转方向回去找他。

这部电影以沃特尼的机智、幽默和韧性以及他对孤独的自嘲式顺从而著称。他制作了一个视频日记，用自己的粪便作为肥料种植土豆，并利用从旧的“探路者号”火星车上拆下来的相机与地球通信。

实际上，这种巧妙的种植法在技术上是可行的，只不过存在一两个不足之处：火星土壤含有高氯酸盐，这是一种有毒的盐。但如果有水，只需要清洗就能把它洗掉，而我们知道火星上是有水的。

另一个危险是，使用排泄物向火星土壤添加生物肥料，你会接触到有潜在危险的病原体。由于沃特尼只使用了自己的粪便，他只会接触到自己的病原体，因此不会有危险。原书的情节比电影更详细，沃特尼还使用了飞船上其他成员留下的冷冻排泄物来扩展他的种植系统，不过书中解释说，由于这些排泄物经过了冻结和干燥，其中所包含的病原体已被破坏。

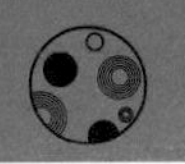

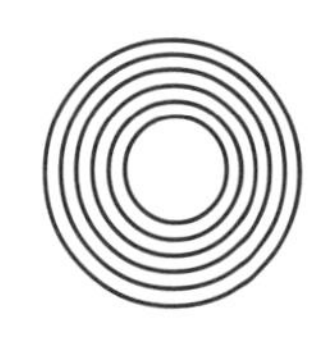

《火星三部曲》

The Mars Trilogy

金·斯坦利·罗宾逊（Kim Stanley Robinson），在他备受好评的《火星三部曲》中畅想了我们将火星改造成适合人类长期居住的星球所做的努力。

第一部《红火星》：时间设定为2026年，人类先派遣了100名船员进行火星“殖民”，在火卫一上也建立了一个前哨基地。人们在火星表面钻孔，释放火星内部的热量，又在地下引爆核装置，释放火星地下的水。与此同时，在地球上，人类卷入了另一场世界大战中。

第二部《绿火星》：时间设定为22世纪初。不同国家和派系因为争夺火星控制权而爆发混战。轨道镜被安装在火星轨道上用来加热火星，而叛乱分子在考虑破坏它们。火星的北部冰帽已经融化，提供了更多的水。在地球上，不断上升的海平面造成了灾难性的洪水。

在最后一部《蓝火星》中，火星上有了足够的大气，使液态水能在火星表面稳定存在并形成海洋和河流。有很多非法移民从受灾的地球来到这个刚被地球化的星球上。这迫使人类对太阳系的其他行星进行地球化改造，包括金星甚至木星在内的一些卫星。

长期以来，一直有传言称该系列将被改编为电视剧——詹姆斯·卡梅隆（James Cameron）曾一度获得了改编权，并且多年来已进行了大量的开发工作。如果得以实现，那么对火星进行地球化改造过程中所涉及的技术应用场景，将会成为这部剧中令人着迷的画面。

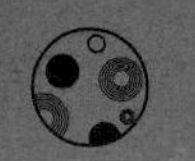

《宇宙威龙》

Total Recall

这部电影的故事背景设定在2084年，阿诺·施瓦辛格（Arnold Schwarzenegger）扮演的角色道格拉斯·奎德（Douglas Quaid）正在反复经历关于火星的令人不安的梦境。在这部1990年上映的电影中，由于统治者对可呼吸空气的垄断，红色火星变成了一个面临叛乱的战场。

在地球上的时候，奎德访问了一家公司，该公司可以将虚构的记忆植入他的大脑，以便让他体验在火星上进行的冒险，而无须真正到那里进行艰苦的旅行。

这触发了一系列事件，奎德其实是真正的秘密特工，并且确实是要被送往火星。他以假名进入火星上的希尔顿酒店，最后进入维纳斯城——火星上的红灯区，那里到处都是因暴露于辐射下而变异的人。反叛分子正在寻找传闻中隐藏在矿井某处的外星人人工制品——涡轮反应堆。反应堆可以提供人类所需的可呼吸空气，并打破引起纷争的垄断。

在施瓦辛格之前，电影《大白鲨》的演员理查德·德赖弗斯（Richard Dreyfuss）和帕特里克·斯韦兹（Patrick Swayze）都被考虑过扮演奎德的角色。这部电影于2012年被翻拍，由科林·法瑞尔（Colin Farrell）担任主演。

《宇宙威龙》根据科幻作家菲利普·K.迪克（Philip

K.Dick）的短篇小说《记忆总动员》改编。和迪克其他被改编成电影的作品一样，剧本本身仅占原始情节的一小部分。故事以完全相同的方式开始，奎德渴望去火星并被植入虚假的记忆，但他只是被告知操作过程中出现了问题，而实际上，他有真实而被压抑的记忆。然而，随后的情节变得更加充满哲理了。剧中的奎德最终有了两种相互矛盾的记忆，这样的角色更像是沃尔特·米蒂（Walter Mitty）扮演的角色，与施瓦辛格那霸气外露的男子气概形成了鲜明的对比。最后，迪克还探讨了"我们如何知道我们的真实记忆是什么"这一问题。

最后，奎德的上级与他进行了一笔交易——为了抹去他对火星的记忆，他必须植入一段替代记忆，在这段记忆中，奎德的梦想得以实现。这样他就不会再次开始渴望回到火星而最终陷入同一个循环中。

植入的记忆将证明奎德的梦想是至关重要的，并且让他相信他是世界上最重要的人，因为他是地球上唯一可以抵御外星人入侵的人。

然而，在他的上级给他植入了这种虚假记忆后，他再一次发现虚假记忆其实是现实世界中的事实，并且他真的在保护地球免受外星人的入侵。

火星人马文
Marvin the Martian

火星人马文首次出现，是在 1948 年的乐一通动画片《登月历险》中。马文是兔八哥的对手，他很安静，但很狡猾，很有破坏性——这与兔八哥的另一个敌人燥山姆形成了鲜明的对比。他身着罗马战袍以向战神马尔斯致敬，他将传统的百夫长[1]头上的羽毛装饰换成了扫帚。他有一个黑色的头、两只眼睛，没有嘴，但不知为什么还能说话。

兔八哥经常阻挠马文用“pew-36”爆炸性空间调节器炸毁地球的计划。令人沮丧的是，还是经常听到马文喊：“爆炸声在哪里？”马文试图炸掉地球的理由是地球阻挡了他看金星。在马文出现的各种漫画剧情中，他的爱人是泰拉尼女王。但是，她并不爱他。他的狗 K-9——一只绿色版本的布鲁托（米老鼠的狗）——经常跟在他身边。在迈克尔·乔丹（Michael Jordan）出演的乐一通电影《太空大灌篮》中，马文是篮球裁判员——这是他在《乐一通》系列和外星人反派之中唯一一个正面角色。美国航天局的科学家显然是他的粉丝：“勇气号”火星探测车的官方发射徽章正是以火星人马文为主要图案。

1　百夫长是古罗马军队中的百人队伍的队长。——译注

值得铭记的先驱人物

People of Note

生而知之者，上也；学而知之者，次也；困而学之，又其次也；困而不学，民斯为下矣！

孔子

乔瓦尼·斯基亚帕雷利
Giovanni Schiaparelli

乔瓦尼·斯基亚帕雷利（1835—1910）的天文事业把他从他的家乡意大利带到了德国和俄国，回到家乡后，他开始在米兰的布雷拉天文台工作，一做就是40年。他是第一批发现火星表面存在一系列明显条纹的人之一，这些条纹后来因为“火星运河”而闻名。

他在天文领域的工作成果颇丰：他在1861年发现了69号小行星夕神星（Hesperia），并将一年一度的狮子座流星雨与坦普尔－塔特尔彗星（Tempel–Tuttle Comet）关联起来。他还对水星和金星进行了一些详细的观察和绘图，并尝试计算它们的公转周期。

他对彗星的研究深受他在柏林时的导师——著名的彗星“猎手”约翰·恩克（Johann Encke）的影响。为了表彰他对

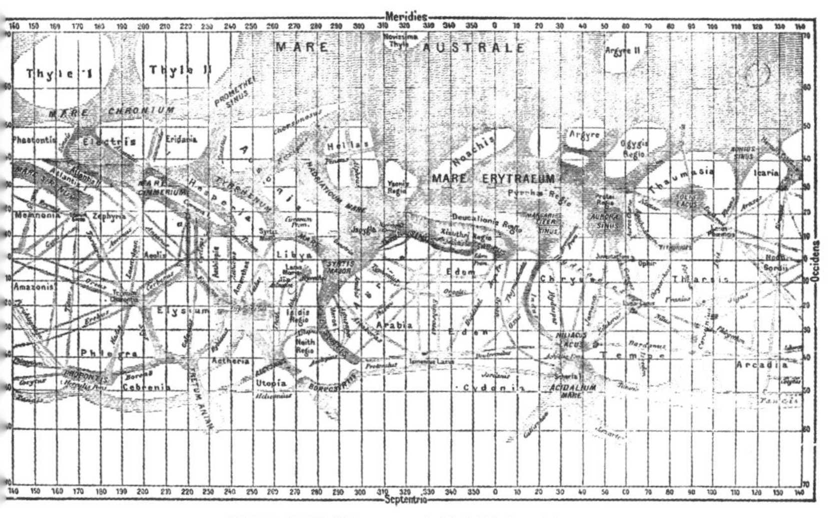

斯基亚帕雷利在 1877 年绘制的火星地图

天文学的巨大贡献，月球和火星上都有以他的名字命名的陨击坑。水星上也有一个区域以他的名字命名，因为他曾广泛地研究过水星。此外，4062 号小行星也以他的名字命名。

2016 年 10 月，欧洲空间局和俄罗斯空间局（RSA）试图将“斯基亚帕雷利号”探测器（Schiaparelli probe）送上火星。这是即将进行的“火星生命探测计划”（ExoMars）的试运行。然而，着陆计划未能正常执行，登陆器以 500 千米每小时的速度撞击在火星表面。这提醒人们，登陆火星仍然是一项巨大的技术挑战。

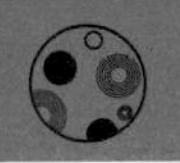

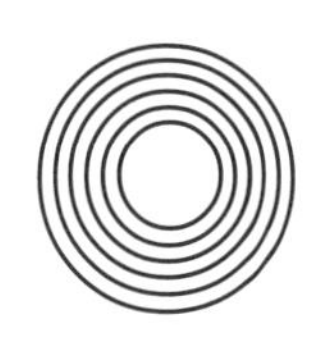

帕西瓦尔·洛厄尔
Percival Lowell

谈到火星，帕西瓦尔·洛厄尔（1855—1916）的名字可能是如雷贯耳的。他1855年出生于波士顿，在亚利桑那州的弗拉格斯塔夫市——他特意选择的远离光污染的地方创立了洛厄尔天文台。洛厄尔天文台是当时最好的天文台之一，1930年，也就是洛厄尔去世14年之后，冥王星在洛厄尔天文台被发现。

然而，洛厄尔与火星上声名狼藉的“运河”有着千丝万缕的联系。洛厄尔从1984年开始在弗拉格斯塔夫市研究火星，研究了15年，并出版了好几本书，书中有假想的火星运河系统的详细地图。在这些书中，他明确强调支持火星上存在智能生命形式的观点。

如今，我们不仅知道运河不存在，还知道火星表面甚至没有暗线网络。那么洛厄尔画的是什么？即使通过大型望远镜观看，火星看起来也很小，其表面特征也很模糊。也许洛厄尔确实是在描绘他所看到的东西。鉴于他还注意到金星表面的辐条状图案，一些天文学家认为，他的望远镜的设置方式导致他看到的实际上是他自己眼睛里血管的倒影。

沃尔特·蒙德
Walter Maunder

作为一名在格林尼治皇家天文台工作的英国天文学家，沃尔特·蒙德（1851—1928）是最早一批对火星运河持怀疑态度的人。他有一段著名的言论："我们无权假设，但我们习惯性地假设，我们的望远镜向我们展示了这颗行星的最终结构。"他指出，如果竭尽全力用当时的望远镜看的话，火星上的不规则暗斑是可能看起来有直边的。

蒙德因对太阳的观测而闻名。他在格林尼治天文台的主要工作是观察我们恒星表面的太阳黑子。在研究太阳黑子数量的历史记录时，他注意到 1645 年至 1715 年之间太阳黑子有个不活跃时期，天文学家现在将其称为"蒙德极小期"（Maunder Minimum）。这个时期恰好与地球上的一个时期——小冰期相吻合，这段时期欧洲气温低于其长期平均水平。

蒙德 1895 年与安妮·拉塞尔（Annie Russell）结婚，安妮是格林尼治天文台雇用的"人肉计算机"之一，工作是协助科学家计算。维多利亚时代的社会习俗意味着她不得不为了婚姻放弃工作，但她还是继续以自己的方式做出了重要贡献。

阿萨夫·霍尔

Asaph Hall

阿萨夫·霍尔（1829—1907）是一位美国天文学家，他因在1877年火星接近地球时发现了火星的两颗卫星火卫一和火卫二而闻名。

霍尔是钟表匠的儿子，他的童年过得并不富裕，一开始他做过木匠学徒。他主要是靠自学，还跟比他大两岁的安吉丽娜·斯蒂克尼学过数学。后来，安吉丽娜成了他的妻子。

后来他发现，天文学才是他真正的爱好。他是一位天才天文学家。1862年，他被任命为华盛顿特区美国海军天文台（USNO）的助理天文学家。1875年，他被任命为美国海军天文台的26英寸望远镜的负责人，这是当时世界上最大的折射望远镜，他就是用这架望远镜发现了火星的卫星。

他还研究了土星和它的天然卫星，尤其是运行奇怪的土卫七。他计算了一些恒星距离地球的距离，并跟踪了星团中恒星的运动。霍尔于1891年从美国海军天文台退休，并很快获得了尊贵的法国荣誉军团勋章，之后在哈佛大学任教。现在，月球和火星上有以他的名字命名的陨击坑，3299号小行星也是以他的名字命名的。

卡尔·萨根
Carl Sagan

卡尔·萨根（1934—1996）是一位极具影响力和受欢迎的美国天文学家。他出生于纽约布鲁克林，以将天文学和空间科学普及给大众而闻名。他的电视系列片《宇宙》因他那富有诗意的语言和辨识度极高的声音而深受全世界数百万观众的喜爱。他还创作了科幻小说《超时空接触》，由此改编的同名电影于1997年上映，由朱迪·福斯特（Jodie Foster）主演。

他也为科学做出了重要贡献，他在20世纪下半叶的许多火星探索任务中发挥了关键作用。他是“水手9号”探测器背后成像技术团队的一员，他还在“海盗1号”和“海盗2号”着陆器的着陆点选择上有所贡献。早在20世纪70年代，他就有一个宏大的想法。他毫不掩饰地表示自己希望看到火星车被送到火星表面，以及更多地探索这颗红色星球。

他于1996年12月20日因肺炎去逝，那时距美国航天局启动火星“探路者”任务不到三周，距离1997年7月“旅居者号”火星车首次驶上火星只差几个月。为了表示对他的纪念，“旅居者号”的着陆点更名为“卡尔·萨根纪念站”。

亚当·施特尔茨纳
Adam Steltzner

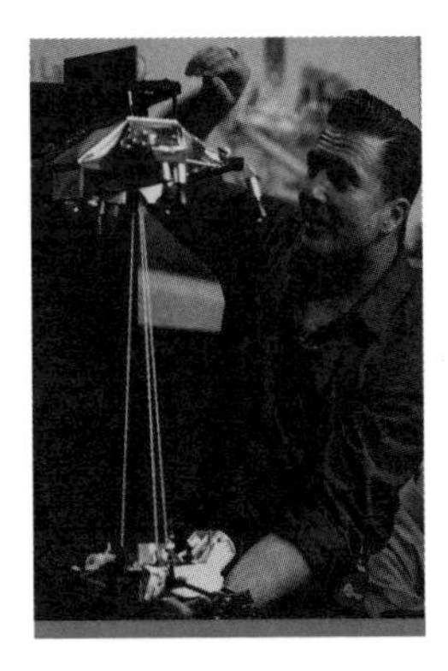

亚当·施特尔茨纳于 1963 年出生在美国加利福尼亚州阿拉米达县，曾在美国航天局的喷气推进实验室工作。他以摇滚明星般的造型而闻名——包括蛇纹皮鞋和猫王发型。他曾参与“探路者号”“勇气号”和“机遇号”火星车的探测任务。他还是“好奇号”火星车着陆系统的首席工程师，负责惊心动魄的下降阶段，该阶段被称为“恐怖 7 分钟”。

施特尔茨纳的职业生涯一直是媒体关注的话题，因为他和典型的进入美国航天局的人的风格相差甚远。他的父亲是美国一家大型食品公司的继承人。他自己承认，年轻时他对摇滚乐更感兴趣，并且曾在几个乐队中演出。

受某天夜观星空的启发，他选修了一门天文课，从此改变了他的生活。1991 年，他获得加州理工学院的学位，并于 1999 年获得工程学博士学位。除了在火星任务中的工作，他还参与了“伽利略号”（Galileo）木星探测任务和“卡西尼号”（Cassini）土星探测任务。他经常出现在电视和广播中，并于 2016 年入选美国国家工程院院士。

罗伯特·祖布林
Robert Zubrin

罗伯特·祖布林于1952年出生在美国科罗拉多州的莱克伍德。长期以来，他一直是载人火星任务的倡导者。1998年，他成立了国际非营利组织——火星学会（Mars Society），目的是激发人们对私人资助火星旅行的兴趣。

火星学会每年都会举办一届国际火星大会，并在美国犹他州汉克斯维尔和德文岛（加拿大北极无人居住的地区）建立了火星训练站。

他拥有核工程博士学位，撰写了200多篇与实现星际旅行所需的推进方法相关的科学论文，并拥有多项相关专利。20世纪90年代，在洛克希德·马丁公司工作期间，他提出了“火星直击”计划（Mars Direct）——按照他的计划，到达火星的成本仅是美国航天局之前估计的12.5%，方法是利用火星大气制造氧气、水和火箭燃料。祖布林还谈到了有一天对火星进行地球化改造，以将火星变成人类一个永久居住地的可能性和伦理问题。他经常出现在有关火星的媒体讨论中，他出版过好几本科普书，包括《赶往火星》和《如何在火星上生活》。

埃隆·马斯克
Elon Musk

对许多人来说，埃隆·马斯克是 21 世纪最有远见的企业家之一。1971 年，他出生在南非，靠卖掉在线支付服务公司贝宝（PayPal）11.7% 的股份起家。他现在是一家私人太空公司——太空探索技术公（SpaceX）和一家电动汽车制造公司——特斯拉公司的首席执行官。

然而，他志在火星。他曾多次公开表示，他的目标是在未来五十年内在火星上建造一个拥有 100 万居民的城市。飞往火星的票价可能只有 50 万美元——他认为许多还算富裕的人通过出售房屋和其他财产能够支付得起的价格。

这可能听起来像是一个白日梦，但他的公司 SpaceX 已经在进入太空方面取得了革命性成果，并拿下了美国航天局的合同，负责将物资运送到国际空间站。

在未来几年，他们希望将付费用户送到月球轨道。太空正迅速成为一个不光是少数幸运者和训练有素的人才能去的地方。很快，普通人就能时不时地进入太空休闲。由于美国政府受到了纳税人越来越严格的审查，如果马斯克和 SpaceX 击败美国航天局，赢得前往火星的竞赛，请不要感到惊讶。

火星未来

The Future

唯一真正的幸福就是去学习、进步和提高：除非我们从犯错、无知和不完美开始，否则这种幸福不可能实现。我们必须穿过黑暗，才能到达光明。

艾伯特·派克（Albert Pike）

人工智能和虚拟现实

Artificial Intelligence & Virtual Reality

到目前为止，我们对火星的探索都是通过机器人完成的，因为把人类送到那么远的地方会带来相当大的挑战，尤其是食物、水、氧气以及所需的额外保护。然而，一位人类地质学家在火星一天取得的成果，可能比目前我们发射的所有人

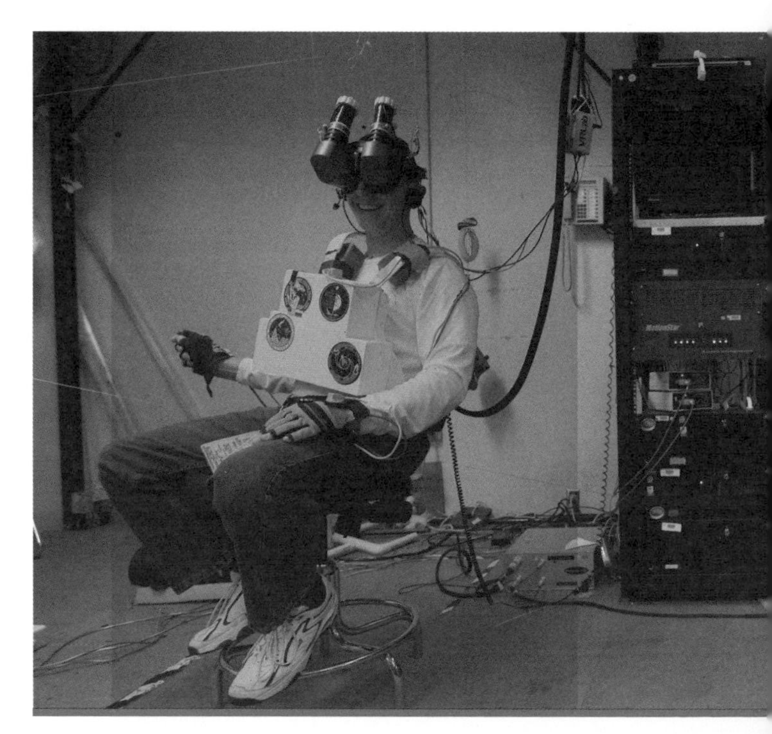

造探测器所取得的全部成果还要多。

人工智能和虚拟现实技术的进步可能会为我们提供一个不错的折中方案。例如，机器人可以根据预先编设的参数自己做决定，从而高度模仿野外地质学家，而且，机器人不需要睡觉和进食。尽管机器人的任何意外都代价高昂，但是导致人的生命丧失的悲剧就完全是另一回事了。机器人也不会涉及心理问题或思乡情绪，也没有家庭相关问题。

另一种可能是虚拟现实技术的发展使野外地质学家能从远处某个地方控制机器人副本，这个地方或许不是在地球上，因为地球和火星之间的信号会有至少 12 分钟的延迟。

这种延迟会阻碍操作者做出实时反应。然而，从火星轨道控制火星车就能消除在火星上着陆的危险，降低再次起飞返回地球所需的费用和风险。

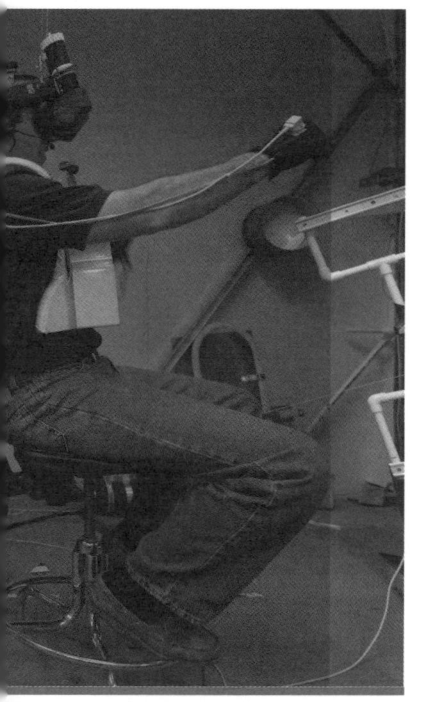

美国航天局的宇航员正在约翰逊航天中心的太空飞行器模拟设施（Space Vehicle Mock-up Facility）上使用虚拟现实设备

星球改造

Terraforming

在火星上生活的许多问题都源于这样一个事实：我们的身体已经通过进化适应了地球的环境，但火星与地球非常不同，其环境相当恶劣。如果火星环境与地球没那么不同会怎样呢？从长远来看，我们或许可以让火星的环境更像地球，这个过程叫作“地球化”。

好消息是：这是一个只需我们帮忙启动，后续会不断自动

加速的过程。稍微加热火星，就会释放出被困数十亿年的温室气体。它们有助于进一步提高火星温度，从而释放更多气体来提供另一次温度提升。最终，水会在火星上再次流动，植物可以在室外生长，人类可以在没有辅助设备的情况下呼吸。

坏消息是：这个过程不可能进行得太快。可能需要一千年的渐进式变化，才能把火星改造成我们想象的样子。我们怎样才能做到呢？

或许可以在火星轨道上安装一面大镜子，以便将额外的 阳光反射到冰盖上。240 千米宽的单面镜可以将温度提高 18℃。当然，这种工程难度远超我们目前的能力。其他想法还有用小行星撞击火星或引入产气细菌。

火星上的人类
Humans on Mars

人类第一次踏上火星将是什么时候？这其实是我们愿意花多少钱的问题。埃隆·马斯克与SpaceX雄心勃勃的计划中就包括了最早在2024年将人类送上火星。美国航天局目前的目标是让人们在21世纪30年代的某个时间进行火星旅行。欧洲空间局也正在制订计划，所以人类会在本世纪登上火星这件事看起来非常确定。

在我们首次旅行之后会发生哪些事情，取决于克服火星独特挑战的难度。地下熔岩管是否足以保护我们免受辐射伤害？心理上的影响会不会很难克服？

这绝对是一个时间早晚的问题，而不是能不能的问题。火星是如此吸引人，我们终将到达那里。这个过程相当于人类给自己增加了一层保险，以使我们免于那些可能毁灭地球生命的威胁，并最终成为在两颗星球上生存的物种。

索　引

Index

E

F

G

H

I

J

K

L

M

N

O

P

Q

R

S

T

U

V

W

Z

图片版权

除以下图片，全书插图或图片均由戴安娜·劳（Diane Law）绘制。

火星(第7页)：NASA/JPL-Caltech；火星地形图(第8—9页)：NASA/JPL/USGS；星出彰彦(第17页)：NASA；呕吐彗星(第19页)：NASA；蒂姆·皮克(第25页)：ESA/NASA；航天食品(第26页)：NASA；水培仓库(第27页)：Bryghtknyght/Creative Commons；熔岩管(第32页)：ESA/DLR/FU Berlin；宇航员(第33页)：NASA；尘暴(第34、35页)：NASA/JPL/MSSS；火星表面宇宙射线水平(第36页)：NASA；陨石(第39页)：NASA/JPL-Caltech/LANL/CNES/IRAP/LPGNantes/CNRS/IAS/MSSS；战争之神马尔斯(第45页)：Andrea Puggioni/Creative Commons；望远镜(第49页)：Public domain,painting by Adriaen van de Venne；HiRISE相机(第50页)：NASA/JPL；火卫一(第51页)：NASA/JPL/University of Arizona；帕西瓦尔·洛厄尔及其图稿(第52—53页)：Public Domain；火星(第55页)：NASA/GSFC；“水手4号”(第56页)：NASA/JPL；奥林波斯山(第57页)：NASA；登陆器在火星地表挖的沟(第58页)：NASA；卡尔·萨根(第59页)：JPL；火星表面(第60、61页)：NASA/JPL；维多利亚陨击坑(第62页)：NASA；“好奇号”(第64页)：NASA/JPL-Caltech/MSSS；火星车(第67页)：NASA/JPLCaltech；北极深谷(第72页)：ESA/DLR/FU Berlin；沙瀑布(第73页)：HiRISE/MRO/LPL(U.Arizona)：NASA；塔尔西斯山脉(第75页)：NASA/JPL-Caltech/Arizona State University；盖尔陨击坑(第76—77页)：NASA/JPL-Caltech/MSSS；塞壬台地(第78页)：NASA/JPLCaltech/University of Arizona；大瑟提斯(第83页)：NASA；赫斯珀里亚高原(第85页)，子午高原(第86页)：ESA/DLR/FU Berlin；加尔

尼陨击坑（第88—89页）：NASA/JPL-Caltech/Arizona State University；俄耳枯斯山口（第91页）：ESA/DLR/FU Berlin(G. Neukum)；奥林波斯山（第93页）：NASA/MOLA Science Team/O.de Goursac,Adrian Lark；水手号峡谷群（第94—95页）：NASA/JPL；希腊盆地（第96页）：MOLA Science Team；火卫一（第99页）：NASA；温室（第103页）：NASA；巴里·威尔莫尔（第104页）：NASA；地球和月球（第106页）：NASA/JPL/University of Arizona；"猎兔犬2号"（第108页）：ESA/Denman productions ESA/Denman Productions；"好奇号"（第110页）：NASA/JPL-Caltech/MSSS；"阿波罗17号"（第111页）：NASA；日落（第115页）：NASA/JPL/Texas A&M/Cornell；雪坡（第116页）：NASA/JPL/University of Arizona；艾伦·谢泼德（第118页）：NASA/Edgar Mitchell；米哈伊尔·秋林（第119页）：NASA；巴格诺尔德沙丘群（第120页）：NASA/JPL-Caltech/MSSS；奥林波斯山（第122—123页）：ESA/DLR/FU Berlin,CC BY-SA IGO 3.0；冰川（第124页）：NASA/JPL/University of Arizona；《火星人玩转地球》（第130页）：Shutterstock；蒂姆·伯顿(第131页)：Gage Skidmore；金·斯坦利·罗宾逊(第134页)：Gage Skidmore；斯基亚帕雷利(第140页)，洛厄尔(第142页)，蒙德(第143页)，霍尔（第144页）：Public domain；萨根（第145页）：NASA/JPL；施特尔茨纳（第146页）：NASA/Bill Ingalls；祖布林（第147页）：The Mars Society；马斯克（第148页）：Brian Solis；虚拟现实设备（第150—151页）：NASA/James Blair；地球（第155页）：Shutterstock；火星（第155页）：MOLA Science Team